AutoCAD 项目化教程

主　编　刘海锋

参　编　柳松柱　程慧兰　王前洪

田志华

武汉理工大学出版社

·武　汉·

内 容 提 要

本书以典型零件的计算机绘图为例，重点介绍 AutoCAD 2018 的使用方法和技巧。全书通过五个大项目将AutoCAD 的绘图方法融入机械设计中进行讲解，通过实例来指导学生学习和实战训练，内容包括 AutoCAD 2018 入门知识、绘制二维平面图形、绘制零件图、绘制装配图、绘制三维实体。

本书文字简洁，讲解细致，可作为高等职业院校机电类相关专业教材，也可作为应用型、技能型人才培养的教材和从业人员的业务参考书。

图书在版编目（CIP）数据

AutoCAD 项目化教程 / 刘海锋主编. -- 武汉 : 武汉理工大学出版社, 2025. 1. -- ISBN 978-7-5629-7097-2

Ⅰ. TP391.72

中国国家版本馆 CIP 数据核字第 20249PV308 号

项目负责人：马首鳌　　责 任 编 辑：马首鳌
责 任 校 对：吴正刚　　排 版 设 计：楚江图文
出 版 发 行：武汉理工大学出版社
地　　址：武汉市洪山区珞狮路122号
邮　　编：430070
网　　址：http://www.wutp.com.cn
经　　销：各地新华书店
印　　刷：武汉邮科印务有限公司
开　　本：787mm×1092mm　1/16
印　　张：11.5
字　　数：279字
版　　次：2025 年 1 月第 1 版
印　　次：2025 年 1 月第 1 次印刷
定　　价：36.00元

凡购本书，如有缺页、倒页、脱页等印装质量问题，请向出版社发行部调换。

本社购书热线：027-87384729　87391631　87165708（传真）

前　言

本书以典型零件的计算机绘制为例，重点介绍 AutoCAD（2018 版本）的使用方法和技巧。目的是使学生全面掌握计算机绘图技术，并将学到的这些技术应用到机械设计中去。具体来说，学生将学会机械设计中的计算机绘图方法，熟练掌握 AutoCAD 软件的使用，初步具备工艺员、技术员和设计员应用软件的岗位工作能力，为今后的学习和工作打下坚实的基础。

全书分为五个大项目，每个项目又包含若干任务。

项目一为 AutoCAD 2018 入门知识，包含 4 个任务。通过项目一的学习让学生掌握 AutoCAD 的安装与启动，熟悉 AutoCAD 的界面，熟练设置 AutoCAD 的绘图环境和掌握常用命令的调用，学会管理 AutoCAD 图形文件。

项目二为绘制二维平面图形，包含 10 个任务。通过项目二的学习让学生掌握 AutoCAD 绘图的有关基础知识，熟悉 AutoCAD 软件的主要功能和特性，能运用各种不同功能上机练习，实现高效绘图。目的是培养学生的勤奋努力的特质，能运用 AutoCAD 二维绘图和编辑命令准确、快捷地绘制专业图纸，提高其绘图的实用技能。

项目三为绘制零件图，包含 3 个任务。通过项目三的学习让学生熟练掌握绘制工程图环境的设置和常用的绘图命令及图形编辑命令，掌握尺寸标注的相关技术与方法，具备使用 AutoCAD 准确进行文字处理和按国标进行尺寸标注样式设置、标注、编辑的能力。

项目四为绘制装配图，包含 2 个任务。通过项目四的学习让学生掌握利用块创建机械类装配图的方法，掌握利用外部参照创建机械类装配图的方法。

项目五为绘制三维实体，包含 3 个任务。通过项目五的学习让学生掌握轴测图的绘图环境设置、轴测图绘制方法及轴测图尺寸标注方法。了解输出图形和三维绘图的基本方法。

全书文字叙述简洁，提供大量图例用于学习指导和实战训练。通过学习本书，读者能很快地掌握各种绘制操作命令和绘图方法，与生产实际直接衔接，所学知识和技能能满足未来的职业岗位需要。

本书可作为高职高专的 CAD 课程教科书，也可作为培养应用型、技能型人才的机械制图教材和从业人士的业务参考书及培训用书。

目　录

项目四 绘制装配图 136

项目五 绘制三维实体 153

项目一　AutoCAD 2018 入门知识

任务 1.1　安装和启动 AutoCAD 2018

学习目标

学会 AutoCAD 2018 的安装与启动。

职业技能要求

掌握 AutoCAD 2018 的基础知识与操作技巧，以进行绘图和设计操作。

1.1.1　AutoCAD 2018 运行环境

AutoCAD 2018 对计算机要求较高，计算机操作系统可以是 Microsoft Windows 7 SP1（32 位和 64 位）、Microsoft Windows 8.1 更新 KB2919355（32 位和 64 位）、Microsoft Windows 10（仅限 64 位）。此外，要流畅地运行 AutoCAD 2018，计算机系统配置还应当满足以下要求。

1. 32 位 AutoCAD 2018 的系统要求

操作系统：Microsoft Windows 7 SP1（32 位和 64 位）。

CPU：1 GHz 或更快，32 位处理器。

内存：2 GB（建议使用 4 GB）。

显示器分辨率：1 300×768（建议 1 920×1 080），真彩色。

磁盘空间：至少 4.0 GB。

光驱：DVD。

浏览器：Windows Internet Explorer 11 或更高版本。

NET：.NET Framework 4.6 或更高版本。

2. 64 位 AutoCAD 2018 的系统要求

操作系统：Microsoft Windows 10（仅限 64 位）。

CPU：1 GHz 或更快，64 位处理器。

内存：4 GB（建议 8 GB）。

显示器分辨率：3 840×1 080。

磁盘空间：至少 4.0 GB。

光驱：DVD。

浏览器：Windows Internet Explorer 11 或更高版本。

NET：.NET Framework 4.6 或更高版本。

1.1.2 安装和启动 AutoCAD 2018

（1）进入 Windows 10 或相应的软件系统，关闭所有应用程序。

（2）在光驱中放入 AutoCAD 2018 安装盘，然后跟随 Windows 安装向导提示，一步步执行操作，即可完成 AutoCAD 2018 的安装工作。

安装好软件后，需要启动 AutoCAD 2018 程序才可以使用。可以通过以下几种方法启动 AutoCAD 软件：

（1）“开始”菜单启动。单击“开始”按钮，在弹出的菜单中选择“所有程序”→“Autodesk”→“AutoCAD 2018-简体中文（Simplified Chinese）”→“AutoCAD 2018-简体中文（Simplified Chinese）”选项，如图 1-1 所示。

（2）桌面启动。双击桌面上的快捷图标即可启动 AutoCAD 2018。

（3）双击已经存在的 AutoCAD 图形文件（*.dwg 格式），如图 1-2 所示。

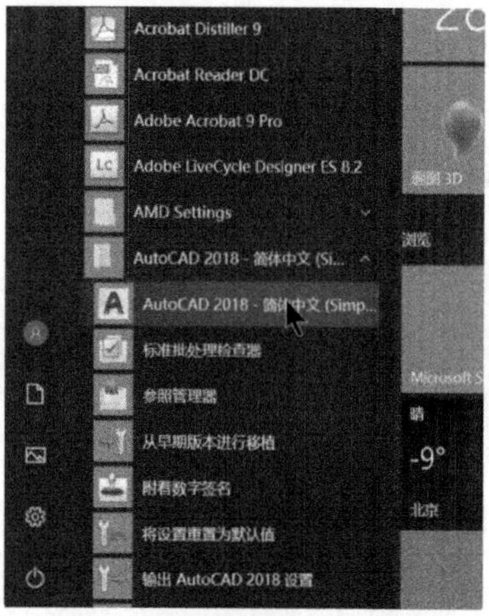

图 1-1 在“开始”菜单中启动 AutoCAD 2018

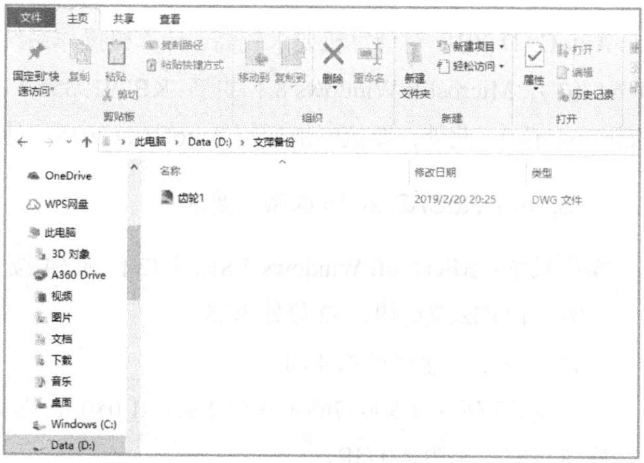

图 1-2 AutoCAD 图形文件

能力训练

1. 知识巩固

（1）AutoCAD 2018 对系统的运行环境有哪些要求？

（2）AutoCAD 2018 可以通过哪几种方式启动？

2. 实践操作

练习启动和关闭 AutoCAD 2018 应用程序。

任务 1.2　AutoCAD 2018 绘图环境的设置

学习目标

1. 掌握工作空间的切换，并了解调用与关闭工具栏和选项板等操作。
2. 熟悉 AutoCAD 2018 的工作界面。
3. 掌握绘图环境的设置方法。

职业技能要求

可以熟练设置 AutoCAD 2018 的绘图环境。

1.2.1　AutoCAD 2018 的工作空间

1. 切换工作空间

AutoCAD 2018 默认的工作空间为“草图与注释”工作空间，用户可以根据需要对工作空间进行切换操作。可以通过以下几种方法切换工作空间：

（1）执行“工具”→“工作空间”菜单命令，在弹出的子菜单中选择相应的工作空间，如图 1-3 所示。

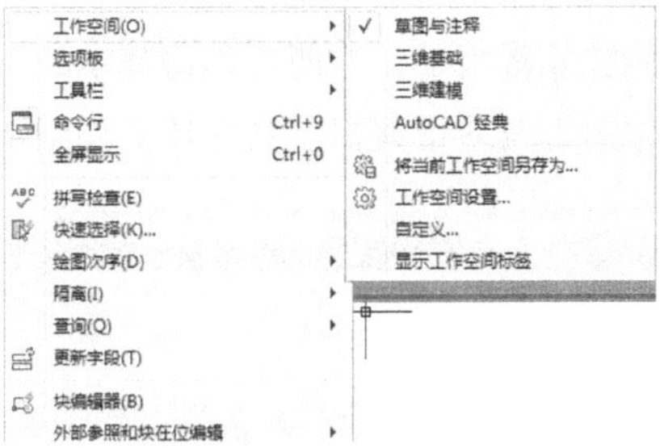

图 1-3　通过菜单栏选择工作空间

（2）单击状态栏上的“切换工作空间”按钮，在弹出的下拉菜单中选择相应的工作空间，如图 1-4 所示。

（3）单击快速访问工具栏上的草图与注释按钮，在弹出的下拉列表中选择所需的工作空间，如图 1-5 所示。

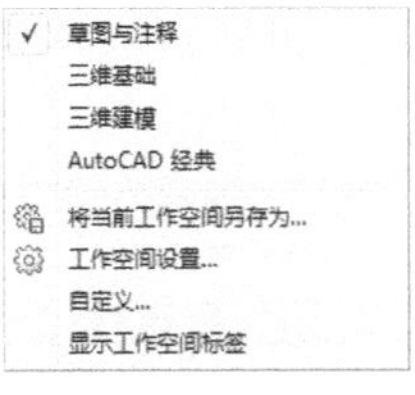

图 1-4　通过状态栏选择工作空间

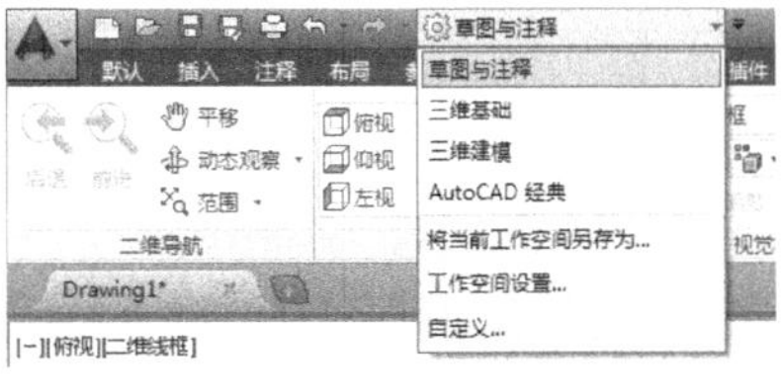

图 1-5　通过快速访问工具栏选择工作空间

2. 草图与注释空间

AutoCAD 2018 默认的工作空间为“草图与注释”工作空间。其界面主要由功能区、快速访问工具栏、绘图区、命令行窗口和状态栏等组成，如图 1-6 所示。

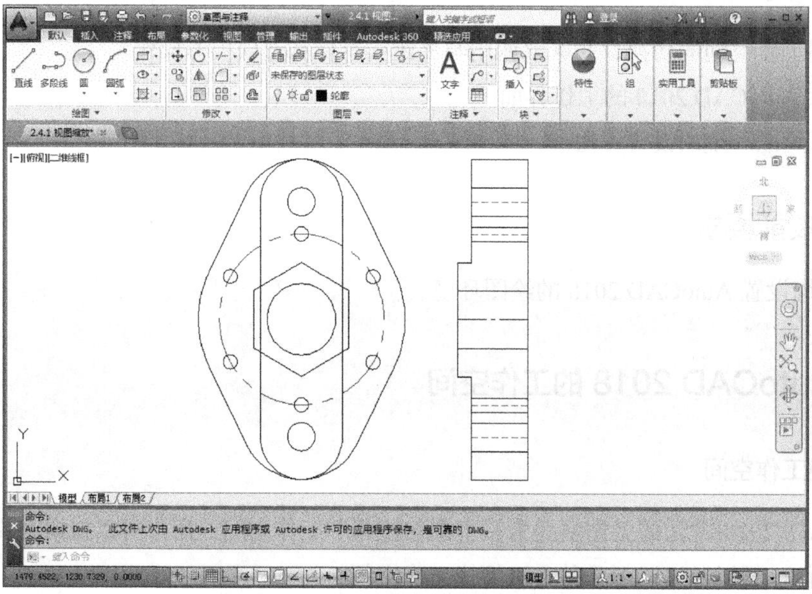

图 1-6 “草图与注释”工作空间界面

3. 三维空间

在“三维基础”空间中，能够非常简单、方便地创建基本的三维模型，其功能区选项板中提供了各种常用的三维建模、布尔运算及三维编辑工具按钮，如图 1-7 所示。

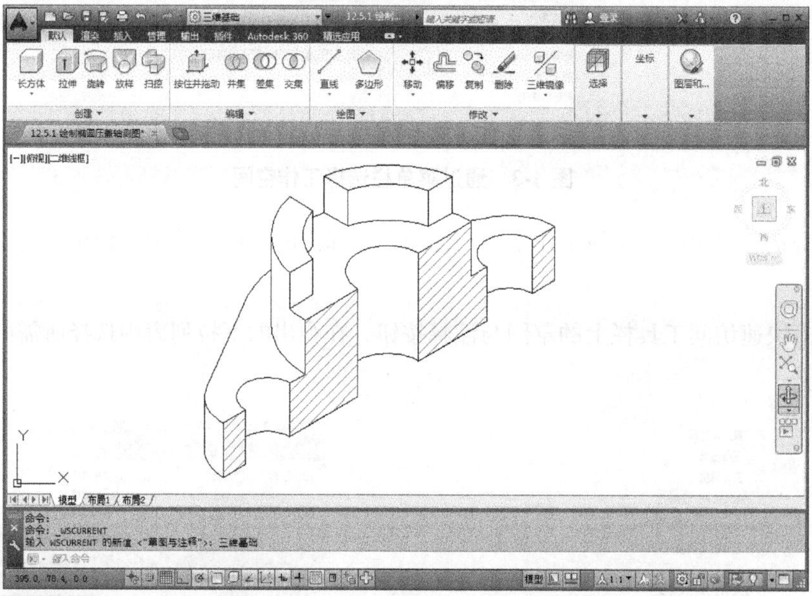

图 1-7 “三维基础”工作空间界面

“三维建模”工作空间界面与“草图与注释”工作空间界面相似。其功能区选项板中集中了三维建模、视觉样式、光源、材质、渲染和导航等面板，为绘制和观察三维图形、附加材质、创建动画、设置光源等操作提供了非常便利的环境，如图 1-8 所示。

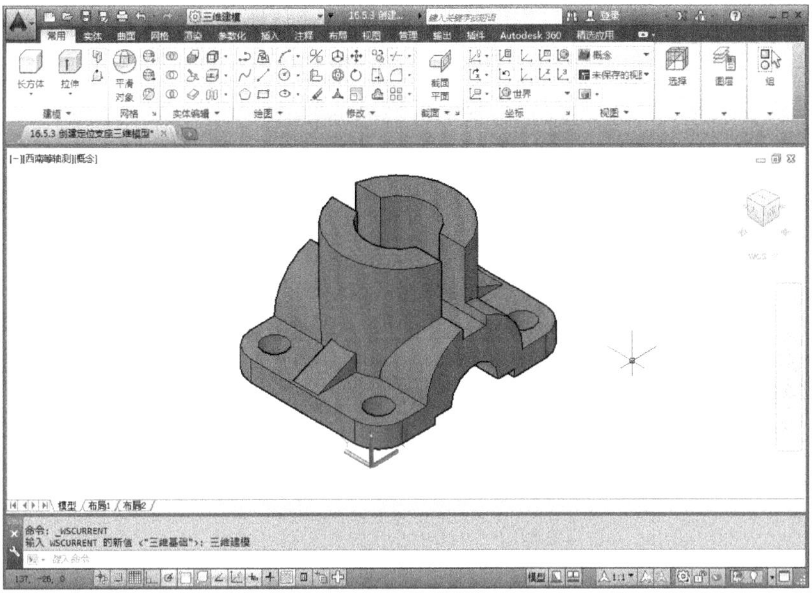

图 1-8　“三维建模”工作空间界面

1.2.2　AutoCAD 2018 工作界面

AutoCAD 2018 界面清晰、功能强大、操作简便。启动 AutoCAD 2018 程序后，系统默认显示的是 AutoCAD 的“草图与注释”工作空间界面，其界面主要由标题栏、快速访问工具栏、应用程序按钮、功能区选项板、绘图区、文本窗口与状态栏以及命令行等内容组成，如图 1-9 所示。

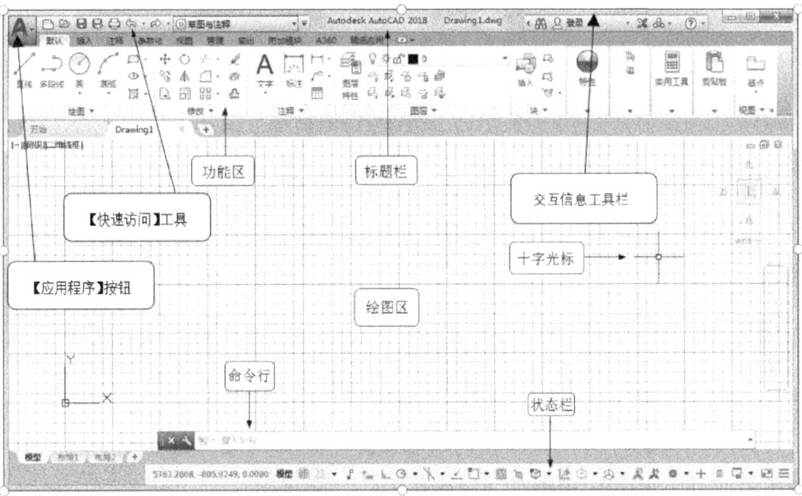

图 1-9　AutoCAD 2018 工作界面

1. 应用程序按钮

应用程序按钮位于 AutoCAD 2018 程序窗口的左上方，在程序窗口中，单击应用程序按钮，将打开应用程序菜单，在该菜单中可以快速进行创建图形文件、打开现有图形文件、保存图形文件、输出图形文件、准备带有密码和数字签名的图形、打印图形文件、发布图形文件及退出 AutoCAD 2018 等操作，如图 1-10 所示为应用程序菜单。

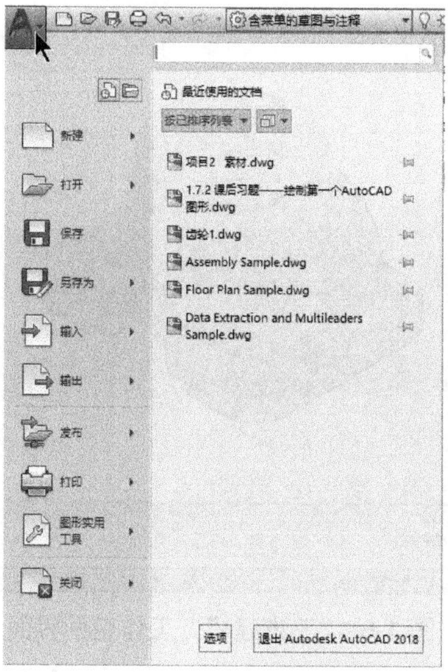

图 1-10 应用程序菜单

2. 快速访问工具栏

AutoCAD 2018 的快速访问工具栏中包含最常用的快捷操作按钮，方便用户使用。在默认状态下，快速访问工具栏中包含 7 个快捷工具，分别为“新建”按钮、“打开”按钮、“保存”按钮、“另存为”按钮、“打印”按钮、“放弃”按钮和“重做”按钮，单击右侧的展开按钮，弹出“工作空间”下拉列表框“含菜单的草图与注释”，如图 1-11 所示。

图 1-11 快速访问工具栏

3. 标题栏

标题栏位于程序窗口的上方，主要由快速访问工具栏、标题名称、搜索区及窗口控制按钮组成，如图 1-12 所示。

图 1-12 标题栏

在标题栏中，可以快速对图形文件进行常用操作，也可以通过标题栏了解当前图形文件的相应信息，其中各组成部分的常用功能如下：

标题名称：主要用于显示当前窗口的程序名称、版本号及当前正在编辑的图形文件名称。

搜索区：该区域可以用于搜索各种命令的使用方法、相关操作等。

窗口控制按钮：主要用于控制程序窗口操作，包括“最小化”按钮、“最大化/还原”按钮及“关闭”按钮。

4. 菜单栏

AutoCAD 2018 的菜单栏位于标题栏的下方，为下拉式菜单，其中包含了相应的子菜单，分别为“文件”“编辑”“视图”“插入”“格式”“工具”“绘图”“标注”“修改”“参数”“窗口”和“帮助”共 12 个菜单，涵盖了所有的绘图命令和编辑命令，如图 1-13 所示。

图 1-13　菜单栏

技巧与提示：AutoCAD 2018 中的 3 种工作空间都默认不显示菜单栏，以避免给一些操作带来不便。如果需要在这些工作空间中显示菜单栏，可以单击快速访问工具栏右侧的下拉按钮，在弹出的下拉菜单中选择“显示菜单栏”命令。

5. 工具栏

工具栏是一组图标型工具的集合，其中每个图标都形象地显示出了该工具的作用。

AutoCAD 2018 共有 50 余种工具栏，在“草图与注释”工作空间中，通过下列方法，可以显示出所需工具栏。

（1）执行“工具”→“工具栏”→“AutoCAD”菜单命令，在其子菜单中进行选择，如图 1-14 所示。

（2）在任意工具栏上右击，在弹出的快捷菜单中进行选择，如图 1-15 所示。

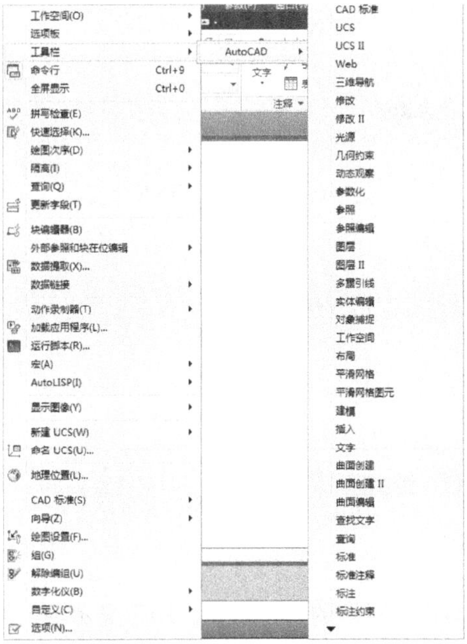

图 1-14　“工具栏”子菜单

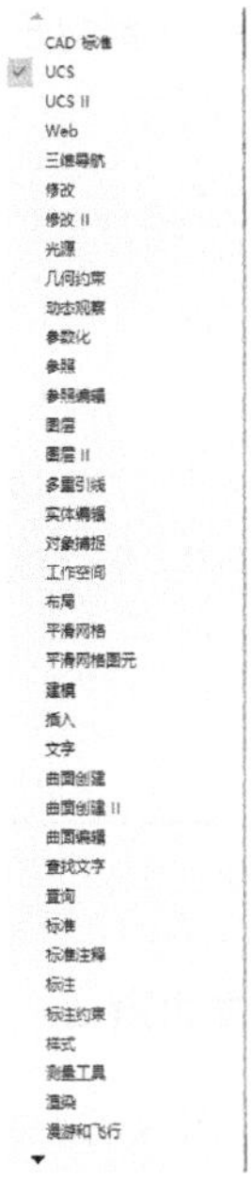

图 1-15　右键快捷菜单

技巧与提示： 工具栏在“三维基础”和“三维建模”工作空间中也默认为隐藏状态，但可以通过在这些空间显示菜单栏，然后通过上面介绍的方法将其显示出来。

6. 功能区

功能区选项板是一种特殊的选项板，是菜单和工具栏的主要替代工具，用于显示与基于任务的工作空间相关联的按钮和空间，如图 1-16 所示。

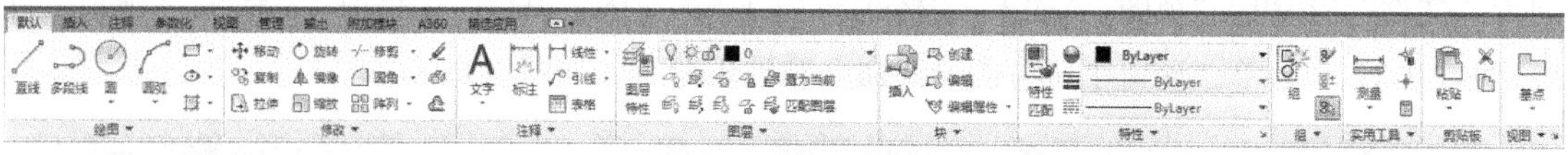

图 1-16 功能区

7. 绘图区

工作界面中央的空白区域称为绘图窗口，也称为绘图区，是用户进行绘图工作的区域，所有的绘图结果都反映在这个窗口中。如果图纸比例较大，需要查看未显示的部分，可以单击绘图区右侧与下侧滚动条上的箭头，或者拖曳滚动条上的滑块来移动图纸。

在绘图区中除了显示当前的绘图结果外，还显示了当前使用的坐标系类型、导航栏及坐标原点、X 轴、Y 轴、Z 轴的方向等。其中，导航栏是一种用户界面元素，用户可以从中访问通用导航工具和特定于产品的导航工具，如图 1-17 所示。

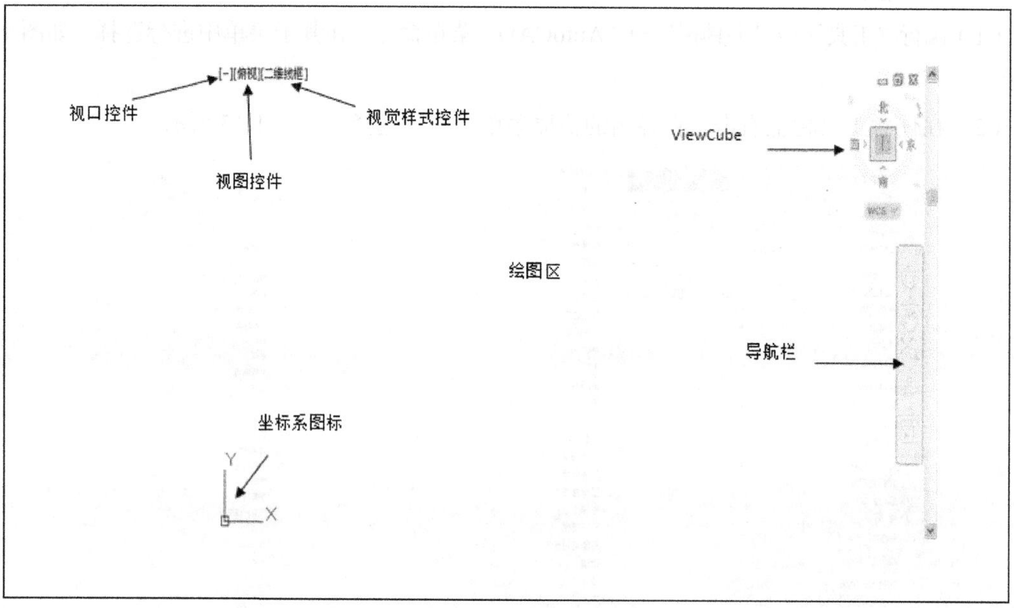

图 1-17 绘图区

8. 命令行与文本窗口

命令行位于绘图区的下方，是 AutoCAD 与用户对话的一个平台，用于显示输入的命令和提示信息。用户在执行某一命令时，命令行和绘图区中会显示动态提示信息，以提示用户当前的操作状态。当命令行上只显示“键入命令”时，可以通过菜单命令、工具栏或键盘输入新的命令，如图 1-18 所示。

图 1-18　命令行

在使用 AutoCAD 绘图时，命令行提示行一般有以下两种显示状态：

（1）等待命令输入状态：表示系统等待用户输入命令，从而进行图形的绘制或编辑操作。

（2）正在执行命令状态：在执行命令过程中，命令提示行中将显示该命令的操作提示，以便用户快速确定下一步操作。

按快捷键 F2，打开 AutoCAD 文本所有窗口，如图 1-19 所示，其中显示了命令行窗口的所有信息。文本窗口也称专业命令窗口，用于记录在窗口中操作的所有命令，如单击按钮、选择菜单项等，在文本框中输入命令，按 Enter 键确认，即执行相应的命令。

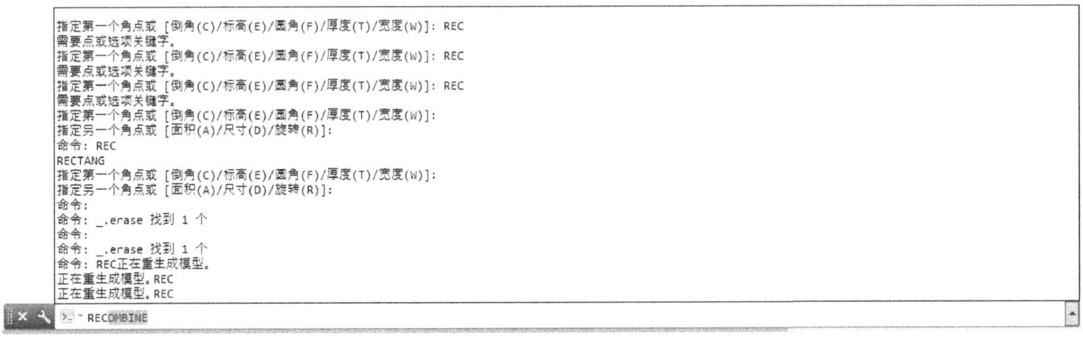

图 1-19　命令行与文本窗口

9. 状态栏

状态栏位于界面的底部，它可以显示 AutoCAD 当前的状态，主要由 5 部分组成，如图 1-20 所示。

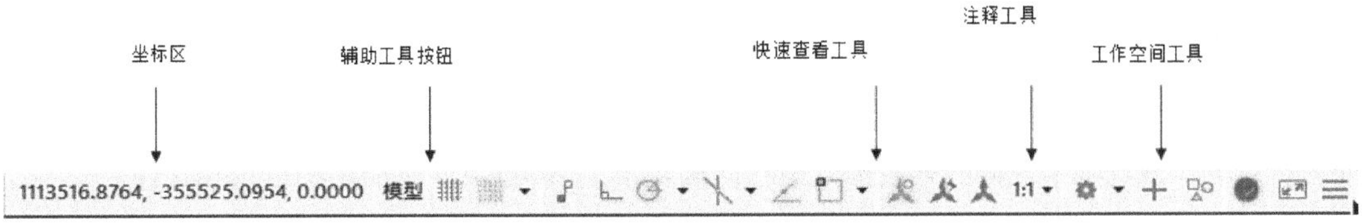

图 1-20　状态栏

1.2.3 绘图环境的设置

1. 命令

命令行：OPTIONS（缩写名：OP）。

菜单栏："工具" → "选项"。

2. 功能

设置绘图区域的背景、命令行字体、文件数量等属性，提高绘图效率。

3. 格式

命令：OPTIONS↙。

弹出"选项"对话框，如图 1-21 所示。

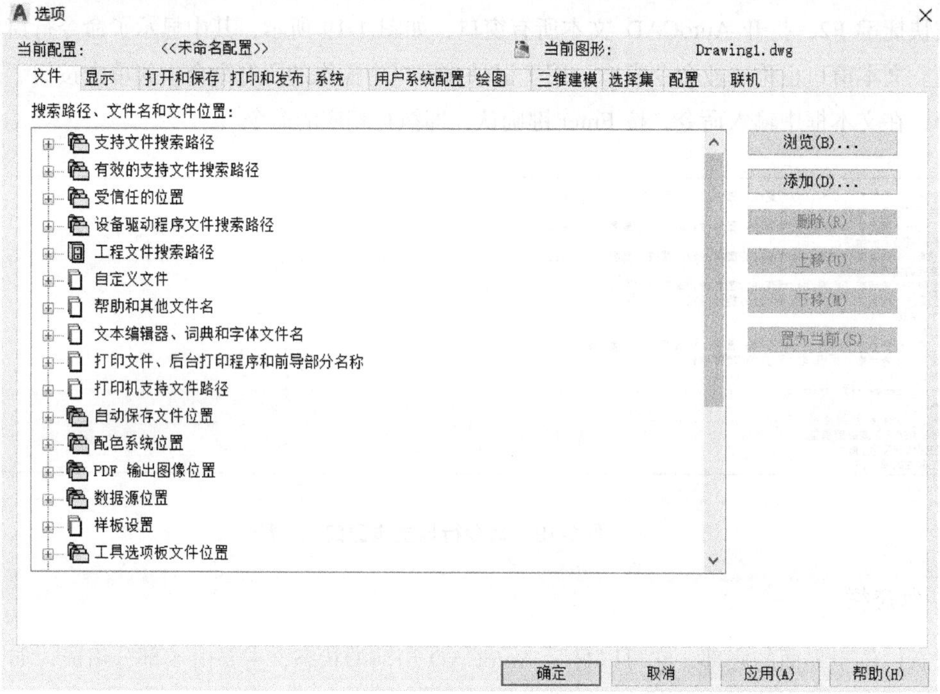

图 1-21 "选项"对话框

4. 说明

（1）"文件"选项卡：主要用于指定 AutoCAD 搜索支持文件、驱动程序、菜单文件和其他文件的目录等，该选项卡左侧的列表框以树状结构显示了 AutoCAD 所使用的目录和文件。

（2）"显示"选项卡：用于设置 AutoCAD 的窗口元素显示情况、布局元素、显示精度、显示性能及十字光标大小等。

①"配色方案"下拉列表框：以暗或亮控制元素（如状态栏、标题栏、功能栏和应用程序菜

单边框）的颜色设置。

② “颜色”按钮：单击该按钮，弹出“图形窗口颜色”对话框，如图 1-22 所示，在该对话框中，可以指定主应用程序窗口中元素的颜色。

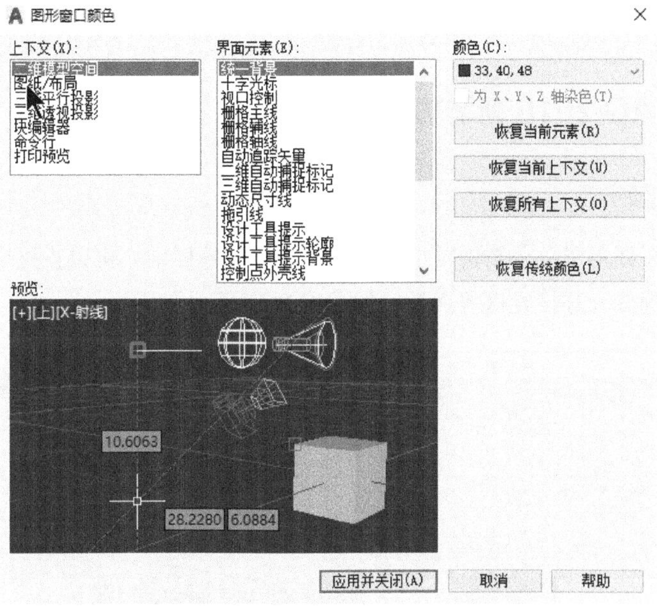

图 1-22 “图形窗口颜色”对话框

（3）“打开和保存”选项卡：用于设置自动保存和自动保存的时间间隔、是否维护日志，以及是否加载外部参照等。

能力训练

1. 知识巩固

（1）AutoCAD 2018 的操作界面主要由哪几部分组成？

（2）如何在工作空间中设置显示菜单栏？

2. 实践操作

启动 AutoCAD 2018，设置绘图区的背景、命令行字体、文件数量等属性。

任务 1.3　AutoCAD 2018 的命令调用

学习目标

1. 了解 AutoCAD 2018 新增功能。

2. 掌握 AutoCAD 2018 系统命令的调用方法。

职业技能要求

熟练掌握 AutoCAD 2018 系统命令的调用方法。

1.3.1 AutoCAD 2018 新增功能

1. 新增图形选项卡

AutoCAD 2018 新增了一个新选项卡标签栏。在该标签栏中，可以直接访问样例、最近打开的文件、产品更新通知及连接社区界面等，如图 1-23 所示。

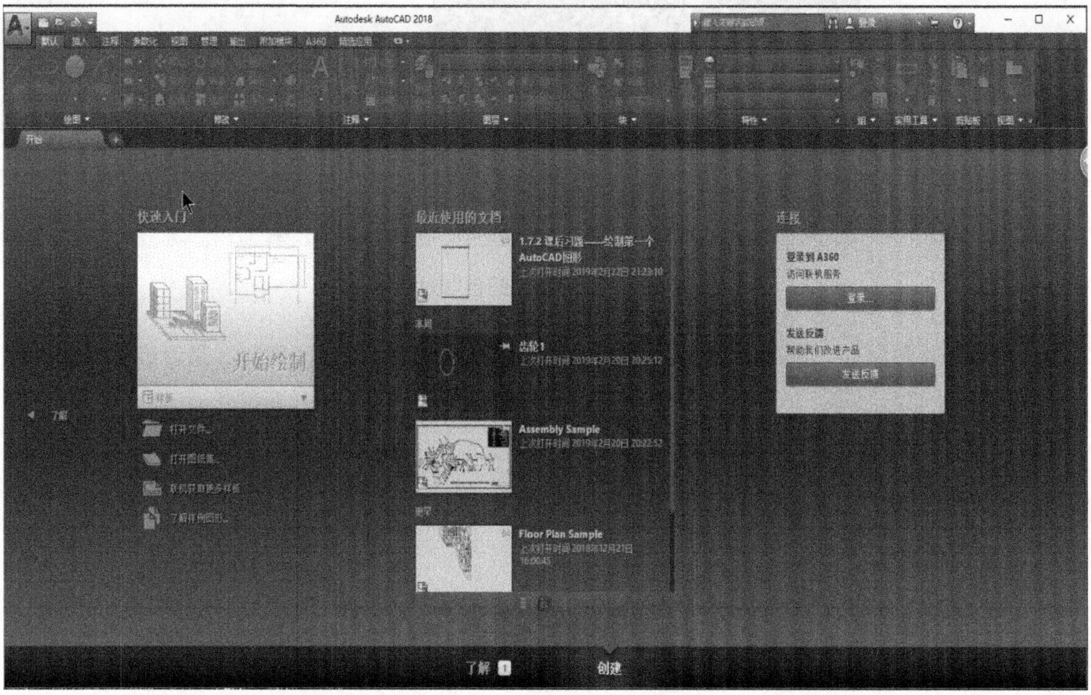

图 1-23 新选项卡标签栏

2. 全新的深色主题界面

全新的深色主题界面结合了传统的深色模型空间，可最大限度地降低绘图区和周围工具之间的对比，且状态栏也得到了简化，用户可以从自定义菜单中选择要显示的工具，如图 1-24 所示。

3. 更人性化的帮助功能

在用户浏览新工具时，只要单击按钮图标或查找链接，就会显示动态箭头，将用户引导至拆分功能区域的工具。

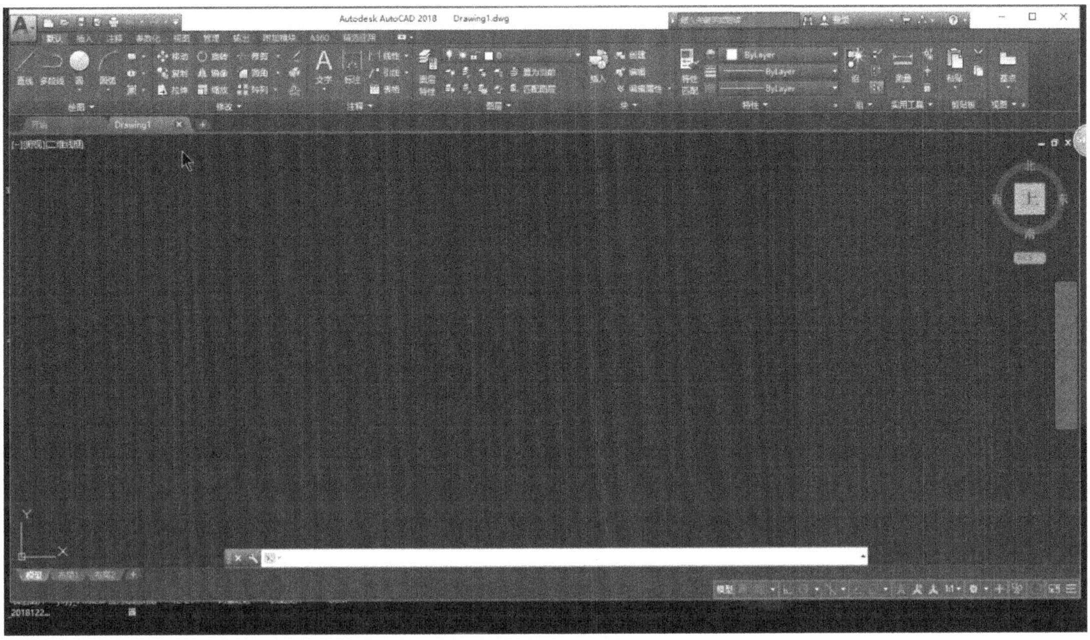

图 1-24 深色主题界面

4. 增强的图形显示功能

AutoCAD 2018 添加了平滑线显示来增强图形体验，用户可以在新的“图形性能”对话框中启用平滑线显示，如图 1-25 所示，如直线和圆等对象，以及类似栅格线的工程图附注都具有更平滑的显示，且视觉反馈得到改善。当选择任意对象时，它的颜色将发生变化并保持亮显，以清楚地将其标识为选择集的一部分。

图 1-25 “图形性能”对话框

5. 增强的绘图及编辑功能

（1）添加了新的套索选择工具。使用方法是单击图形的空白区域，并围绕要选择的对象进行拖曳即可。

（2）光标被提升为带有反映常用操作状态的标记。

（3）添加了常用编辑命令的预览，如在修剪对象时，将对被删除的对象进行稍暗显示，而且光标标识指示该线段将被修剪。

6. 增强的视图功能

AutoCAD 2018 中显著增强了模型空间视口，在模型空间中创建了多个视口后，亮蓝色边界会标识活动视口，用户可以拖曳到边界的边缘来删除另一个视口。通过拖曳水平或垂直边界，可以调整任意视口的大小，在拖曳边界的同时按住 Ctrl 键，可拆分模型空间视口。通过增强动态观察工具，我们可以更好地控制目标点。

7. 增强的地理位置功能

可以通过位置工具在地图中设置地理位置，当使用联机地图数据时，地理位置对话框将引导用户完成指定地理位置的过程，地理位置功能区的新工具使用户能够捕获用于打印的区域或者新视口。

1.3.2 AutoCAD 2018 系统命令的调用

执行 AutoCAD 2018 系统命令是使用 AutoCAD 2018 软件的重要操作。AutoCAD 2018 绝大多数命令被调用时会在命令窗口的提示区中显示一行或多行提示信息来引导用户进行操作。许多 AutoCAD 2018 的命令提示行中都有供选择使用的操作项，称为选项，用于完成指定的操作。

1. 用键盘调用命令

键盘调用命令就是在命令行中输入命令的全称或简称，字母不区分大小写，输入后通过按回车键或空格键确认。

2. 用工具栏调用命令

AutoCAD 的工具栏是由表示各个命令的图标组成的，单击工具栏中的图标可以调用相应的命令，根据命令行中的提示执行该命令，或者在弹出的对话框中设置各个选项。AutoCAD 2018 中常用的工具栏如图 1-26 所示。

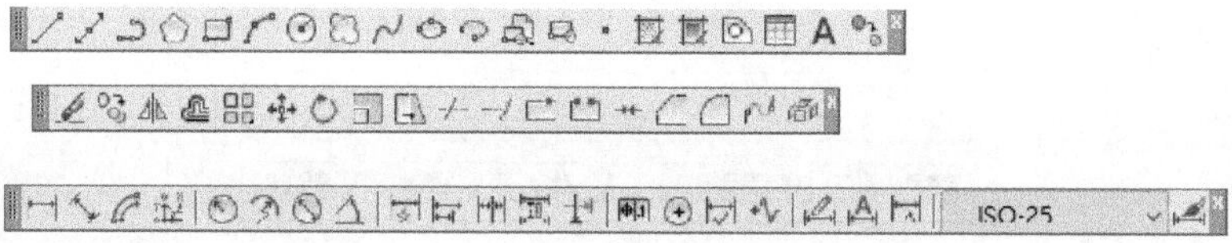

图 1-26 AutoCAD 2018 常用的工具栏

3. 用菜单栏调用命令

利用菜单栏可以调用几乎所有的 AutoCAD 命令选项，在菜单栏中单击菜单名，在弹出的下拉菜单中单击需要执行的命令选项即可，如图 1-27 所示。还可以使用快捷键的方式打开下拉菜单执行命令。每个命令后面括号内的字母即为该快捷键命令提示。

4. 用鼠标右键快捷菜单调用命令

在 AutoCAD 2018 中，当光标处于绘图区的不同位置，或者正在使用的命令不同时，右击所得到的快捷菜单也不相同。

在没有执行任何命令时，在绘图区右击，弹出的快捷菜单如图 1-28 所示。

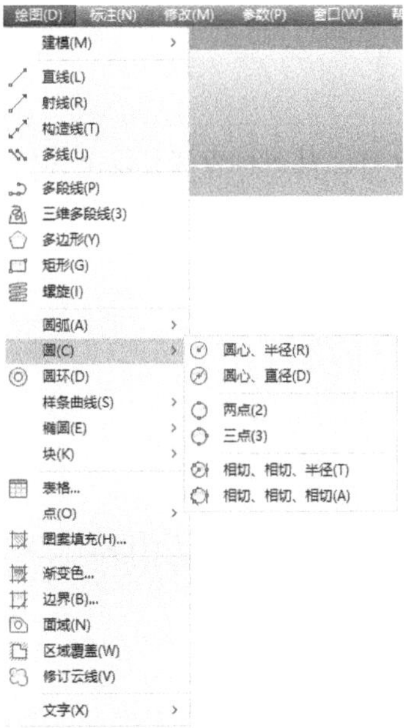

图 1-27　用下拉菜单调用绘图工具

图 1-28　绘图区右键快捷菜单

5. 使用透明命令

透明命令是指在执行其他命令的过程中可以执行的命令。在 AutoCAD 2018 中，很多命令可以“透明”显示，即在运行其他命令的过程中在命令行输入并执行该命令。

能力训练

1. 知识巩固

（1）AutoCAD 2018 新增哪些功能？

（2）如何安装、启动和退出 AutoCAD 2018？

2. 实践操作

在 AutoCAD 2018 中，调用和设置绘图工具栏和修改工具栏。

任务 1.4　管理图形文件

学习目标

掌握 AutoCAD 2018 的文件管理。

职业技能要求

熟练进行 AutoCAD 2018 的文件管理。

1.4.1　新建一个 AutoCAD 2018 文件

绘制一幅新图形之前，用户要建立一个新的图形文件。其执行方法有以下几种：

（1）命令行：执行 NEW 命令。

（2）菜单：执行“文件”→“新建”菜单命令。

（3）图标：单击快速访问工具栏中的“新建”按钮 。

1.4.2　打开一个原有的图形文件

用户如果想在已有的图形文件基础上进行有关操作，就必须打开已有的图形文件，其操作方法通常有以下几种：

（1）命令行：执行 OPEN 命令。

（2）菜单：执行“文件”→“打开”菜单命令。

（3）图标：单击快速访问工具栏中的“打开”按钮。

提示：打开“选择文件”对话框，在“文件类型”下拉列表框中用户可选择图形（*.dwg）、DXF（*.dws）、标准（*.dws）、图形样板(*.dwt)等选项。

1.4.3　保存并退出 AutoCAD 2018 图形文件

1. 保存当前的文件图形

在 AutoCAD 2018 中，用户可以采用以下几种方法保存当前的图形文件：

（1）命令行：执行 QSAVE 或 SAVEAS 命令。

（2）菜单：执行“文件”→“保存”（“另存为”）菜单命令。

（3）图标：单击快速访问工具栏中的“保存”按钮。

2. 退出 AutoCAD 2018

可以通过以下几种方法退出 AutoCAD 2018：

（1）命令行：在命令行执行 QUIT 或 EXIT 命令。

（2）标题栏：单击“关闭”按钮。

（3）菜单栏：执行“文件”→“退出”菜单命令。

（4）快捷键：按 Alt+F4 或 Ctrl+Q 组合键。

（5）应用程序按钮：单击应用程序按钮，打开应用程序菜单，单击“退出 Autodesk AutoCAD 2018”按钮，如图 1-29 所示。

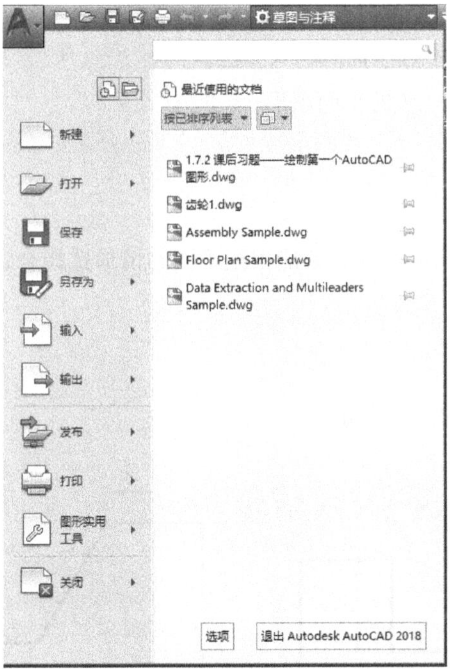

图 1-29 退出 AutoCAD 2018

能力训练

1. 知识巩固

（1）在 AutoCAD 2018 中进行新建文件的操作一般有几种？

（2）在 AutoCAD 2018 中打开一个已有文件的操作一般有几种？

2. 实践操作

在 AutoCAD 2018 中，分别尝试使用四种打开图形文件的操作打开一个已有图形文件。

项目二　绘制二维平面图形

任务 2.1　绘制一般平面图形

学习目标

1. 掌握 AutoCAD 2018 中点坐标的输入方法。
2. 能够用直线命令绘制一般的平面图形。

职业技能要求

能够正确使用多种方法绘制直线，并能根据不同的情形选择合适的方法。

任务描述

绘制一般平面图形，如图 2-1 所示。

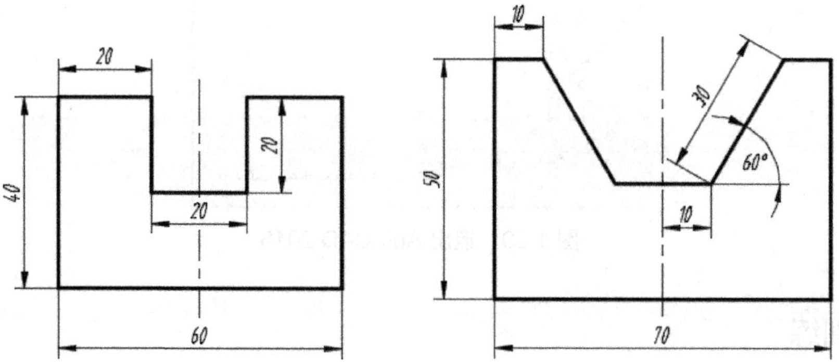

（a）　　（b）

图 2-1　绘制图形

任务分析

图 2-1 中两图的线型均为直线，且已给出具体的尺寸，因此可以用直线命令绘制图形。在精确绘图时，可以通过坐标点的输入进行精确绘制，绘制方法有多种：如果把图形的左下角点作为坐标原点，则可以通过绝对坐标输入下一点坐标的方式完成绘图；如果坐标原点是任意的，可以使用相对坐标的方式来完成图形的绘制；也可以在启用“正交”的方式下，直接输入线段的长度来完成绘图，倾斜直线部分可以通过设置合适的极轴追踪角度来完成。

2.1.1 绘制直线

1. 命令

命令行：执行 LINE（缩写名：L）命令。
菜单栏：执行“绘图”→“直线”菜单命令。
图标：单击“绘图”工具栏中的 ⁄ 按钮。

2. 功能

绘制直线段、折线段或闭合多边形。

3. 格式

按照命令行的提示，输入或用鼠标直接在屏幕上拾取点（需打开“对象捕捉”开关按钮）画出直线。这是一个可连续执行的命令，可连续给出下一点的位置，画出连续的折线。但折线中的每一条直线都是一个独立的实体。若绘制直线结束或只绘制一条直线，需确认结束本次命令（也可理解为放弃继续绘制直线）。

提示：可以通过按回车键、按空格键和单击鼠标右键确认。

2.1.2 图形图元选取

AutoCAD 2018 提供了多种选取对象的方法，每种方法都可以选中所需的对象，如何做到简洁高效，就需要了解各种选取方法适用的场合。选择实体的三种方法如下：

（1）直接点取。用鼠标在待拾取的实体（虚像显示）上单击。多用于选取单个实体。

（2）窗口方式。用鼠标由左至右拉出选择框（实线框，框内呈蓝色显示），完全包含在框内的实体被选中。多用于在复杂图形中选取单个实体。

（3）交叉窗口方式。用鼠标由右至左拉出选择框（虚线框，框内呈绿色显示），完全包含在框内和部分包含在框内的实体均被选中。多用于同时选取多个实体。

2.1.3 坐标系统

坐标系统的作用是在绘图时确定对象的位置。在刚开始学习 AutoCAD 时，初学者很容易被一大堆概念弄糊涂，如通用坐标系、世界坐标系、用户坐标系等。实际上，在刚开始接触 AutoCAD 时，仅用到平面的二维坐标系统，而且只需掌握绝对直角坐标、相对直角坐标、绝对极坐标和相对极坐标四个概念即可。

1. 绝对直角坐标输入法

在二维平面上绘图，当已知点的绝对坐标（指相对于当前坐标系原点的直角坐标）时，可采用绝对直角坐标输入法，如图 2-2（a）所示。相对于原点，*X* 向右为正，*Y* 向上为正，反之为负，输入后按 Enter 键确认。

输入格式：*X*,*Y*。

注意：*X*,*Y* 坐标值之间用英文状态下的逗号分开，否则 AutoCAD 提示二维坐标点无效。

2. 相对直角坐标输入法（增量坐标输入法）

当要确定的点是以以前一个点的位置为基点表示其坐标的增加量时，可以采用相对坐标（将前一点看作坐标原点，此时当前点的直角坐标）"$\Delta X,\Delta Y$" 的方法输入。由于是用坐标的增加量来表示的，所以相对直角坐标输入法又称增量坐标输入法，如图 2-2（b）所示。相对于前一点，ΔX 向右为正，ΔY 向上为正，反之为负，输入后按 Enter 键确认。

输入格式：@$\Delta X,\Delta Y$。

注意：前缀符号@是相对的意思。

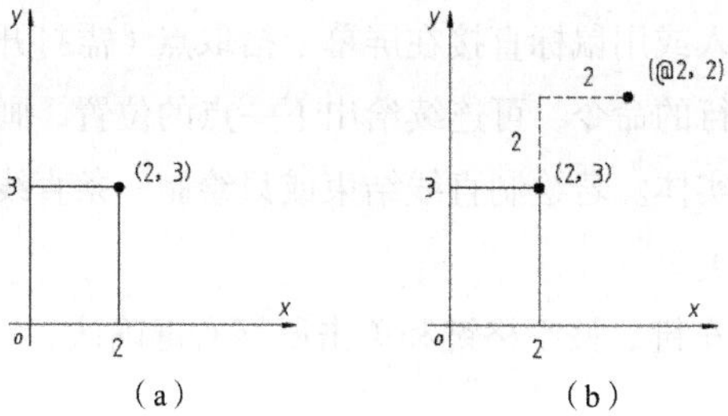

图 2-2 直角坐标

（a）绝对直角坐标；（b）相对直角坐标

3. 绝对极坐标输入法

极坐标是以点到原点连线的长度及连线与极轴（*X* 轴正方向）的夹角两个参数来确定的。通常距离为正值；角度逆时针旋转时为正，顺时针旋转为负，如图 2-3（a）所示。

输入格式：长度<角度。

4. 相对极坐标输入法

相对极坐标是将前一点看成坐标原点，此时相对极坐标是输入点与前一点的连线的长度与水平轴的夹角，如图 2-3（b）所示。

输入格式：@长度<角度。

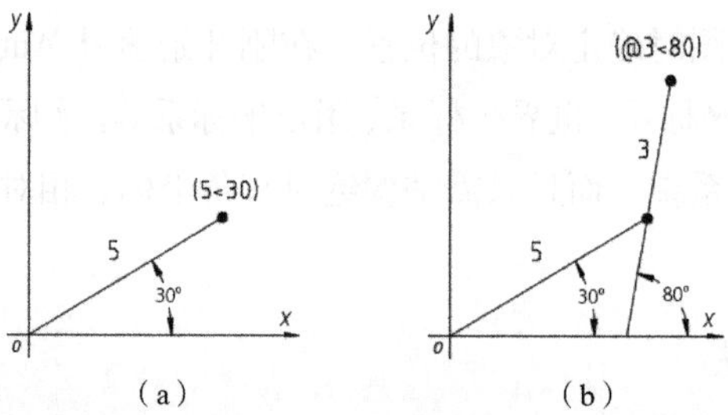

图 2-3 极坐标

（a）绝对极坐标；（b）相对极坐标

技巧：启动状态栏中的动态输入按钮，在“相对极坐标系”中输入“长度”和“角度”值时按键盘上的“Tab”键切换“长度”和“角度”值的输入位置，然后按回车键确认，即可不必再输入“@”和“<”。

2.1.4 设置绘图单位

在图形中绘制的所有对象都是根据度量单位进行测量的。绘图前首先应确定 AutoCAD 的度量单位。

1. 命令

命令行：执行 DDUNITS（缩写名：UN）命令。

菜单栏：执行“格式”→“单位”菜单命令。

2. 功能

调用命令后，弹出“图形单位”对话框，规定计数单位和精度，如图 2-4 所示。

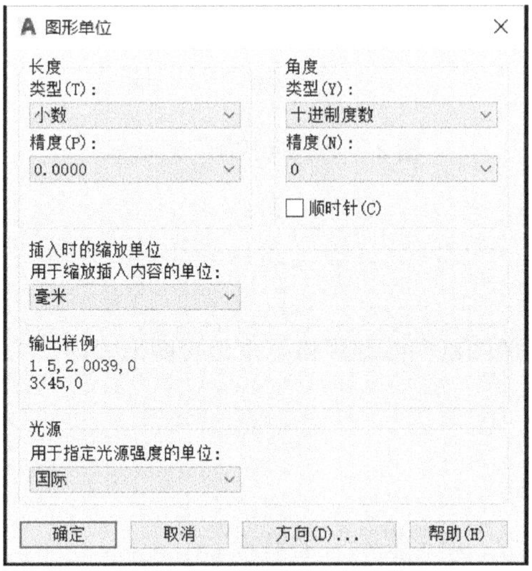

图 2-4 “图形单位”对话框

3. 说明

（1）长度：用于设置图形的长度单位。在“类型”下拉列表框中设置图形的长度单位，在“精度”下拉列表框中设置保留小数点后的位数，如图 2-5 所示。

（2）角度：用于设置图形的角度单位格式。在“类型”下拉列表框中设置角度单位，在“精度”下拉列表框中设置角度精度。默认逆时针方向为角度增量的正方向，也可选中“顺时针”选项，设置为顺时针方向为角度增量的正方向，如图 2-6 所示。

（3）插入时的缩放单位：控制插入当前图形中的块和图形的测量单位。

（4）输出样例：用于显示当前用户设定的长度及角度单位的输出形式。

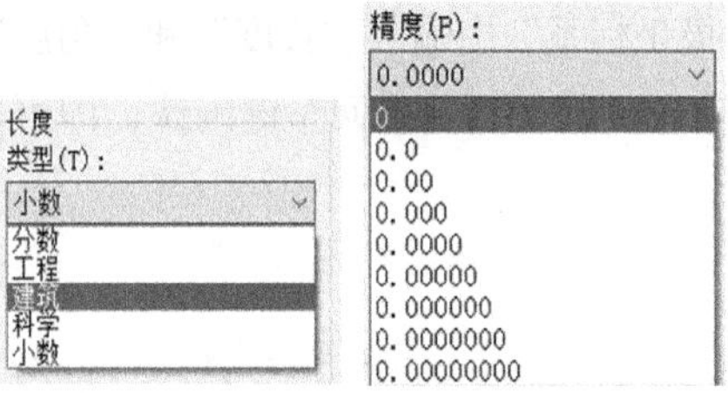

图 2-5 “长度”和“精度”下拉列表框

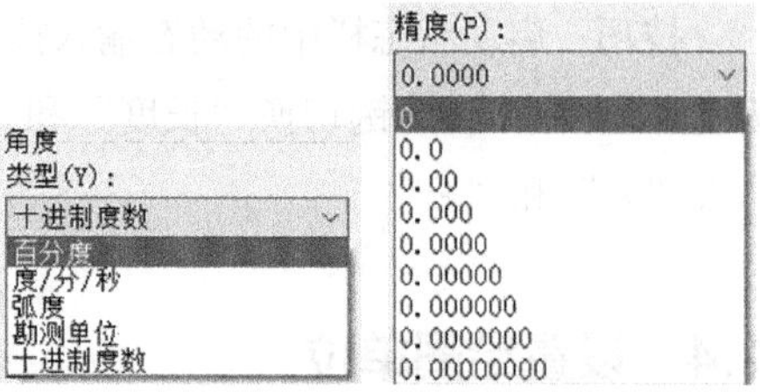

图 2-6 “角度”和“精度”下拉列表框

（5）光源：控制当前图形中光度控制、光源强度的测量单位。一般设置为“国标”。

（6）方向：定义角度 0 并指定测量角度的方向。单击“方向”按钮，弹出“方向控制”对话框（见图 2-7），系统默认正东方的方向为 0°，逆时针方向旋转为角度增加的正方向。

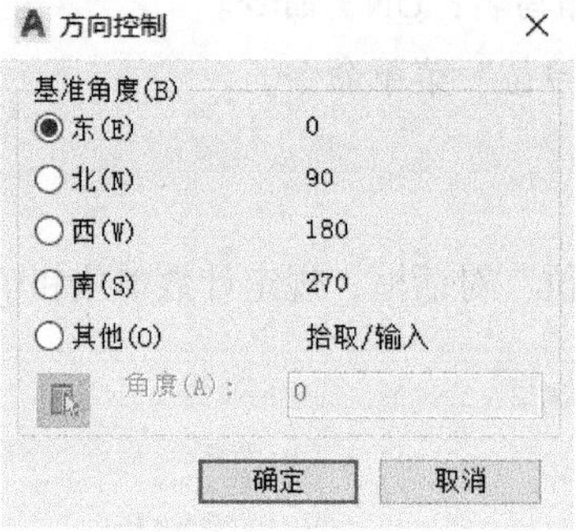

图 2-7 “方向控制”对话框

2.1.5 设置图形界限

在绘图之前，一定要按照图纸的图幅规格要求设置图形界限。

1. 命令

命令行：执行 Limits 命令。

菜单栏：执行“格式”→“图形界限”菜单命令。

2. 格式

命令：Limits ↙（调用“图形界限”命令）。

重新设置模型空间界限：

指定左下角点或[开（ON）/关（OFF）]<0.0000,0.0000>:（指定区域左下角点坐标）。

指定右下角点<420.0000,297.0000>:297,210（指定区域右下角点坐标）。

2.1.6 视图操作

视图操作时，先要掌握以下几点：

（1）平移视图：按住鼠标中键移动视图。

（2）缩放视图：按住鼠标中间滚轮前/后滚动即可放大/缩小视图。

（3）窗口放大视图：按 Z 键 ↙，紧接着用鼠标对角拉一矩形框即可窗口放大视图。

（4）还原视图：按 Z 键 ↙，紧接着按 A 或 E 即可还原视图。

2.1.7　捕捉和栅格、正交

1. 捕捉和栅格

1）命令

命令行：执行 DDRMODES 命令（可透明使用）。

菜单栏：执行“格式”→“图形界限”菜单命令。

功能键：F9、F7。

2）功能

用于控制鼠标间隔捕捉功能，如果打开捕捉功能，光标将被锁定在不可见的捕捉网格点上做跳跃式移动，移动间隔为设定的捕捉间距。捕捉间距在 X 方向和 Y 方向一般相同，也可以不同。

3）格式

命令：DDRMODES ↙。

在 AutoCAD 2018 中打开“草图设置”对话框，其中的“捕捉和栅格”选项卡用来对捕捉和栅格功能进行设置，如图 2-8 所示。

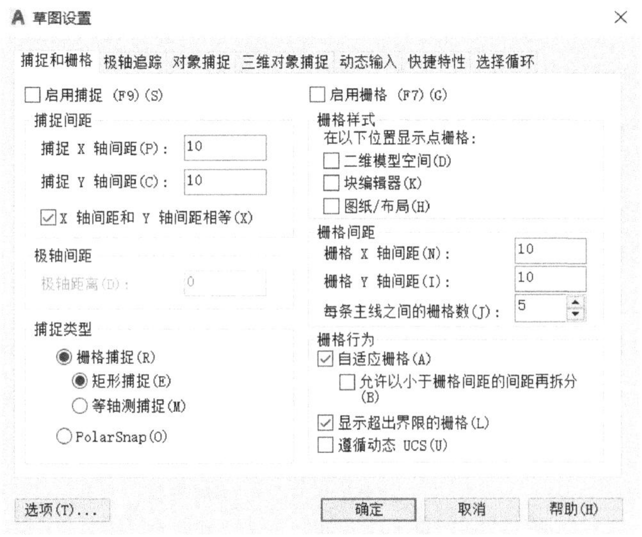

图 2-8　“捕捉和栅格”选项卡

4）说明

在状态栏上右击捕捉按钮，在弹出的快捷菜单中选择“捕捉设置”命令，打开“草图设置”对话框，利用对话框打开或关闭捕捉和栅格功能，并对其模式进行设置，见图 2-8。

2. 正交

1）命令

命令行：执行 ORTHO 命令。

状态栏：单击正交按钮，如图 2-9 所示。

功能键：F8。

图 2-9 状态栏

2）功能

在用光标定位时，限定光标只能沿着 X 轴或 Y 轴的方向移动。常在绘制水平线或铅垂直线时采用。另外，执行移动命令时也是沿水平和铅垂方向移动图形对象。

3）格式

命令：ORTHO ↙。

输入模式[开（ON）/关（OFF）] <关>:

4）说明

选择 ON 可打开正交模式，绘制水平直线或铅垂线，选择 OFF 则关闭正交模式，用户可画任意方向的直线。

2.1.8 对象夹点的操作

对象夹点是 CAD 软件提供给用户的另一种图形编辑的方法，无需使用 AutoCAD 的编辑命令，只要用光标拾取对象，该对象就进入选择集，并出现一些蓝色的小方框标记，这些小方框标记称为夹点。用户可以通过对夹点的操作来编辑图形。

对象的夹点就是对象本身的一些特殊点。对象不同，夹点也不相同。

（1）直线段和圆弧段的夹点是其两个端点和中点，如图 2-10（a）、（b）所示。

（2）圆的夹点是圆心和四个象限点，如图 2-10（c）所示。

（3）椭圆的夹点是椭圆圆心和椭圆长、短轴的端点，如图 2-10（d）所示。

（4）多段线的夹点是构成多段线的直线段的端点、圆弧段的端点和中点等，如图 2-10（e）所示。

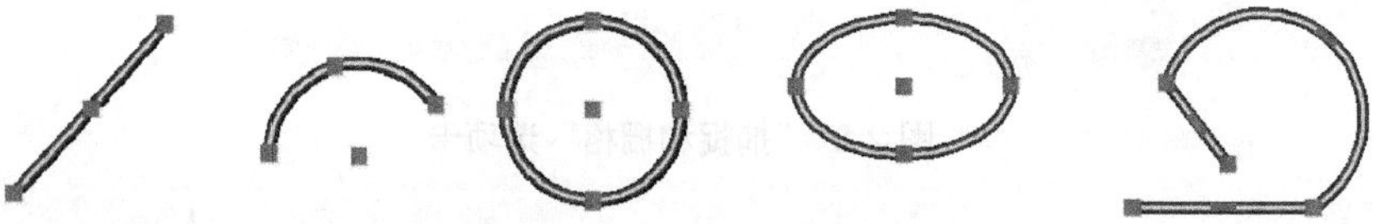

（a） （b） （c） （d） （e）

图 2-10 不同对象的夹点

（a）直线的夹点；（b）圆弧的夹点；（c）圆的夹点；（d）椭圆的夹点；（e）多段线的夹点

2.1.9 放弃和重做命令

1. 放弃

1）命令

命令行：执行 U 命令。

菜单栏：执行“编辑”→“放弃”菜单命令。

图标：单击快速访问工具栏中的“放弃”按钮。

2）功能

取消上一次命令的操作。但该命令不能取消诸如 PLOT、SAVE、OPEN、NEW 或 COPYCLIP 等对设备进行读/写的命令。

2. 重做命令

1）命令

命令行：执行 REDO 命令。

菜单栏：执行“编辑”→“重做”菜单命令。

图标：单击快速访问工具栏中的按钮。

2）功能

重做刚用 U 或 UNDO 命令所放弃的命令操作。

任务实现操作

1. 利用直线命令绘制一般平面图[见图 2-1（a）]

（1）调取“直线”命令。

（2）开启“正交”模式。

（3）开启“动态输入”。

（4）指定左上角点为起画点（0,0），然后在“正交”模式下，鼠标导向，按逆时针方向输入距离，回车确认即可，依次输入距离为 20→20→20→20→20→40→60→40。

2. 利用直线命令绘制一般平面图[见图 2-1（b）]

（1）调取“直线”命令。

（2）开启“正交”模式。

（3）开启“动态输入”。

（4）指定左下角点为起画点（0,0），然后在“正交”模式下，鼠标导向，按逆时针方向输入距离，回车确认即可，依次输入为 70→50→10→30<240→20→30<120→10→50。

注意：（1）在 AutoCAD 2018 中，我们经常要在命令行输入各种命令和数值，在此我们要明确，输入命令时要在英文状态下输入，而且输入的符号也应是英文状态下的符号。

在图形界限设定时，可以参考所绘图形的尺寸大小自行设定，也可以把图形界限设定为合适的常见图纸大小，常见图纸尺寸如表 2-1 所示。

表 2-1　常见图纸尺寸

图纸规格	图纸尺寸	装订边	图框左下角点	图框右上角点
AO	1189 × 841	25	25,15	1174,826
A1	841 × 594	25	25,15	826,579
A2	594 × 420	25	25,15	579,405
A3	420 × 297	25	25,10	410,287

能力训练

1. 知识巩固

（1）坐标有哪几类？

（2）如何把设置好的图形界限全屏显示？

（3）选择图形时，三种选取方法的适用场合有什么区别？

2. 实践操作

利用本节所学知识绘制如图 2-11 所示的图形，分别利用绝对坐标和相对坐标输入进行绘图。

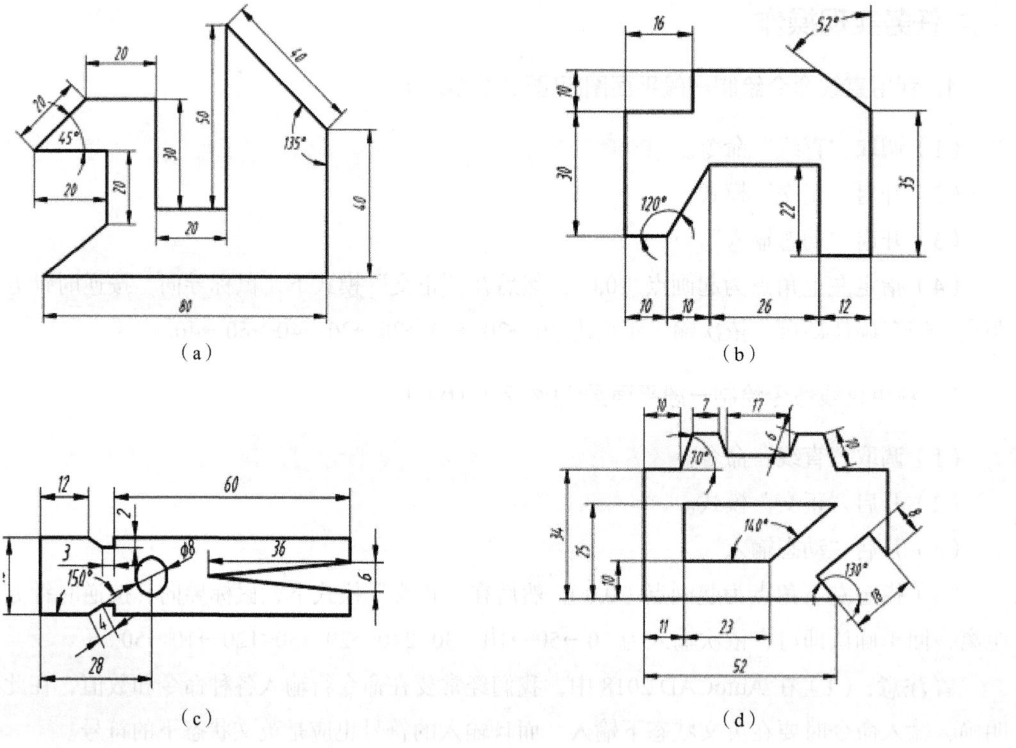

图 2-11　任务 2.1 实践操作题图

任务 2.2 绘制法兰盘

学习目标

1. 掌握各种绘制圆形的方法。
2. 掌握“复制”“修剪与延伸”“删除”命令。

职业技能要求

1. 掌握各种圆的画法及技巧。
2. 掌握“复制”“修剪与延伸”“删除”编辑命令的使用方法和技巧。

任务描述

绘制如图 2-12 所示的法兰盘。

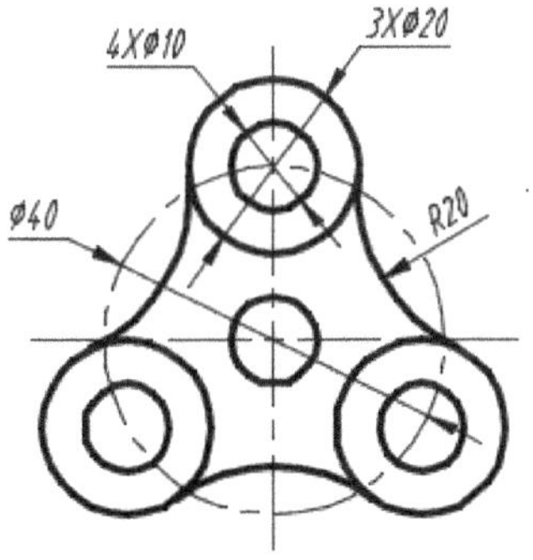

图 2-12 法兰盘平面图

任务分析

图 2-12 所示法兰盘主要由圆和圆弧组成，只要能将圆心进行定位，绘制圆形将很方便。使用绘制圆形命令和复制命令绘制完草图后，利用修剪命令删除多余的线段。

2.2.1 圆的绘制

1. 命令

命令行：执行 CIRCLE（缩写名：C）命令。

菜单栏：执行“绘图”→“圆”菜单命令。

图标：单击“绘图”工具栏中的“圆”按钮。

2. 功能

画圆。

3. 格式

命令：CIRCLE ↙。

指定圆的圆心或[三点（3P）/两点（2P）/切点、切点、半径（T）]：（圆心或选项）

指定圆的半径或[直径（D）]：（半径）。

4. 说明

在“默认”选项卡的“绘图”组中单击“圆”下拉按钮，在弹出的下拉菜单中列出了 6 种画圆的方法（见图 2-13），选择其中之一，即可按该选项说明的顺序与条件画圆。

（1）圆心，半径：给出圆心位置和半径。

（2）圆心，直径：给出圆心位置和直径。

（3）两点：按指定直径的两端点画圆。

（4）三点：给出圆周上的三个点创建圆。

（5）相切，相切，半径：先指定两个相切对象，然后给出半径。

（6）相切，相切，相切：指定三个相切对象。

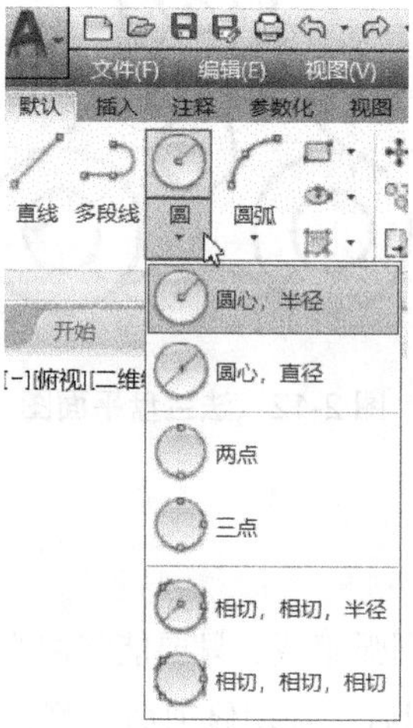

图 2-13 “圆”下拉菜单

2.2.2 圆弧的绘制

1. 命令

命令行：执行 ARC（缩写名：A）命令。

菜单栏：执行“绘图”→“圆弧”菜单命令。

图标：单击“绘图”工具栏中的“圆弧”按钮。

2. 功能

画圆弧。

3. 格式

命令：ARC ↙。
指定圆弧的起点或[圆心 C]：（起点）。
指定圆弧的第二个点或[圆心(C)/端点(E)]：（第二点）。
指定圆弧的端点：（端点）。

4. 说明

在“默认”选项卡的“绘图”组中单击“圆弧”下拉按钮 ⌒，在弹出的下拉菜单中列出了 11 种画圆弧的方法（见图 2-14），选择其中一种，应按其顺序输入各项数据。

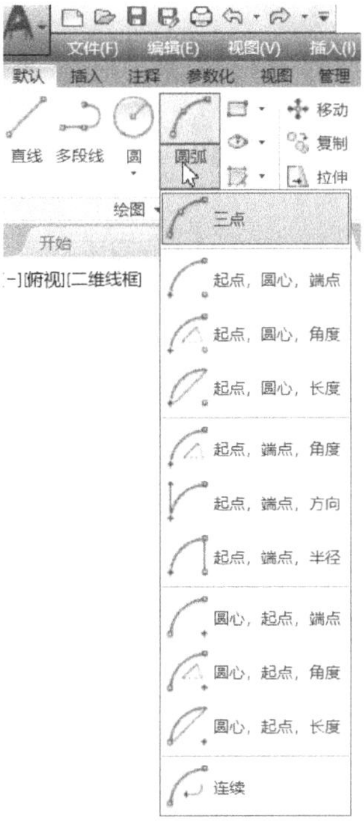

图 2-14　“圆弧”下拉菜单

2.2.3　圆环

1. 命令

命令行：执行 DOUNT（缩写名：DO）命令。
菜单栏：执行“绘图”→“圆环”命令。
图标：单击“绘图”工具栏中的“圆环”按钮。

2. 功能

画圆环。

3. 格式

命令：DOUNT ↙。
指定圆环的内径：<10.0000>：（输入圆环内径或回车）。
指定圆环的外径：<20.0000>：（输入圆环外径或回车）。
指定圆环的中心点或<退出>：（可连续画圆环，用回车键结束命令即可，如图 2-15（a）所示）。

4. 说明

若内径为零，则画出实心填充圆，如图 2-15（b）所示。

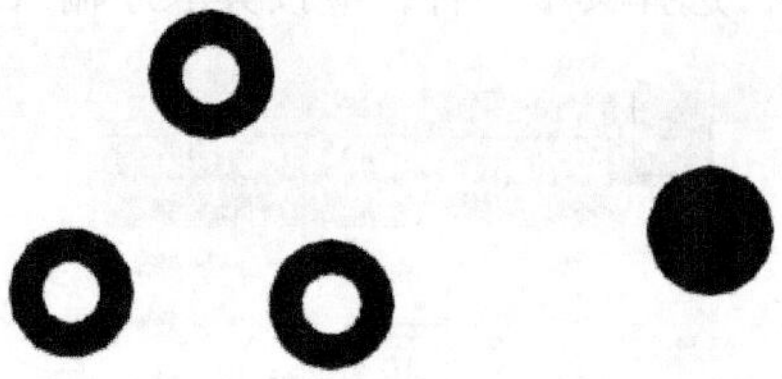

（a）　　（b）

图 2-15　画圆环

（a）圆环；（b）实心圆

2.2.4　复制

1. 命令

命令行：执行 COPY（缩写名：CO、CP）命令。
菜单栏：执行“修改”→“复制”菜单命令。
图标：单击“修改”工具栏中  按钮。

2. 功能

复制选定对象，可做多重复制。

3. 格式

命令：COPY ↙。
选择对象：找到 1 个。
选择对象：（按回车键，结束选择）。
当前设置：复制模式=多个。
指定基点或[位移（D）/模式（O）] <位移>：（定基点）。
指定第二个点或[阵列（A）] <使用第一个点作为位移>：

指定第二个点或[阵列（A）/退出（E）/放弃（U）]<退出>:

4. 说明

基点与位移点既可用光标定位和坐标值定位，也可以利用对象捕捉来准确定位。

2.2.5 修剪与延伸

1. 修剪

1）命令

命令行：执行 TRIM（缩写名：TR）命令。

菜单栏：执行“修改”→“修剪”菜单命令。

图标：单击“修改”工具栏中  按钮。

2）功能

在指定剪切边后，可连续选择被切边进行修剪。

3）格式

命令：TRIM ↙。

选择剪切边…

选择对象或<全部选择>:（选定剪切边，可连续选取，用回车键结束该项操作，若不选择对象直接回车，则以所有对象为剪切边）。

选择对象：（按回车键）。

选择要修剪的对象，或按住 Shift 键选择要延伸的对象，或[栏选（F）/窗交（C）/投影（P）/边（E）/删除（R）/放弃（U）]:（选择被修剪边、改变修剪模式或取消当前操作）。

2. 延伸

1）命令

命令行：执行 EXTEND（缩写名：EX）命令。

菜单栏：执行“修改”→“延伸”菜单命令。

图标：单击“修改”工具栏中按钮。

2）功能

在指定边界后，可连续选择延伸边，将对象延伸到与边界相交。它和 TRIM 命令可以互相使用，在点选要延伸或修剪的对象时只需按住 Shift 键就可以切换成另一种方式。

3）格式

命令：EXTEND ↙。

选择边界的边…

选择对象或<全部选择>:（选定边界边，可连续选取，用回车键结束该项操作，若不选择对象直接回车，则以所有对象为边界边）。

选择要延伸的对象，或按住 Shift 键选择要修剪的对象，或[栏选（F）/窗交（C）/投影（P）/边（E）/删除（R）/放弃（U）]：（选择延伸边、改变延伸模式或取消当前操作）。

2.2.6 删除和恢复命令

1. 删除

1）命令

命令行：执行 ERASE（缩写名：E）命令。

菜单栏：执行“修改”→“删除”菜单命令。

图标：单击“修改”工具栏中 按钮。

2）格式

命令：ERASE ↙

选择对象：（选择对象，所选对象亮显）

选择对象：（按回车键，删除所选对象）

2. 恢复

1）命令

命令行：执行 OOPS 命令。

2）功能

恢复上一次用 ERASE 命令所删除的对象。

3）说明

OOPS 命令只对上一次“删除”命令有效，如相继使用了“直线”“删除”“圆”等命令操作后，用“恢复”命令，则恢复“删除”命令删除的对象，而不影响“直线”“圆”等命令操作的结果；本命令也常用于“块”命令之后，用于恢复建块后所消失的图形。

2.2.7 对象捕捉和对象追踪

1. 对象捕捉

1）命令

命令行：执行 OSNAP 命令（可透明使用）。

菜单栏：执行“工具”→“绘图设置”菜单命令。

图标：单击状态栏中的 按钮。

快捷键：按 F3 键。

2）功能

设置对象捕捉模式能迅速地捕捉图形对象的端点、交点、中点、圆心等特殊点和位置，从而提高绘图的精度和速度。

3）格式

命令：OSNAP ↙。

默认打开“草图设置”对话框中的“对象捕捉”选项卡，如图 2-16 所示。

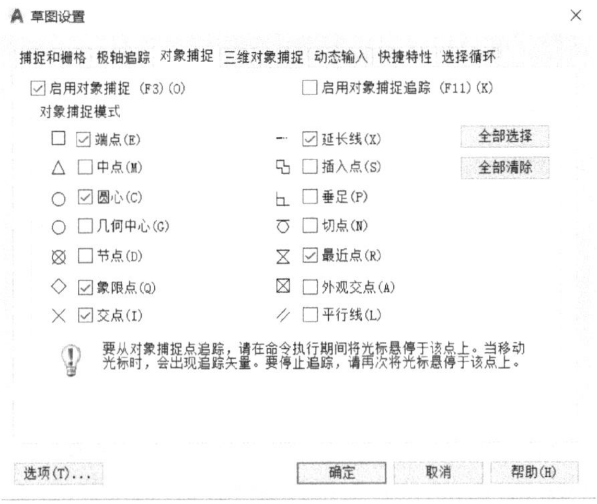

图 2-16 “草图设置”对话框之“对象捕捉”选项卡

4）说明

打开对象捕捉模式后，在绘图区中只要把靶区放在对象上即可捕捉到对象上的特征点，并且在每种特征点前都规定了相应的捕捉显示标记，在对象捕捉模式下的特殊点的含义如表 2-2 所示。

表 2-2 “对象捕捉”特殊点含义

复选框命令	含义
端点	捕捉到对象（如圆弧、直线、多线、多段线、样条曲线、面域或三维对象）的最近端点或角
中点	捕捉到对象(如圆弧、椭圆、直线、多段线、样条曲线、面域或三维对象的边)的中点
圆心	捕捉到圆弧、圆、椭圆或椭圆弧的中心点
几何中心	捕捉到多段线、二维多段线和二维样条曲线的几何中心点
节点	捕捉到点对象、标注定义点或标注文字原点
象限点	捕捉到圆弧、圆、椭圆或椭圆弧的象限点
交点	捕捉到圆弧、圆、椭圆、椭圆弧、直线、多段线、射线、样条曲线、面域或参照线的交点。“延伸交点”不能用作执行对象捕捉模式
延长线	捕捉到当光标经过对象的端点时，显示临时延长线或圆弧，以便用户在延长线或圆弧上指定点
插入点	捕捉到属性、块、形或文字的插入点
垂足	捕捉到圆弧、圆、椭圆、椭圆弧、直线、多段线、射线、样条曲线、面域或构造线的垂足
切点	捕捉到圆弧、圆、椭圆、椭圆弧或样条曲线的切点
最近点	捕捉到圆弧、圆、椭圆、椭圆弧、直线、多段线、射线、样条曲线、点或参照线的最近点
外观交点	捕捉不在同一平面但在当前视图中看起来可能相交的两个对象的视觉交点
平行线	捕捉图形对象的平行线

5）对象捕捉的两种方式

（1）单一对象捕捉方式（覆盖捕捉）。这是一种临时对象捕捉模式，只能一次性使用。也就是说，选择一次捕捉模式只捕捉一个特殊点。

激活单一对象捕捉方式常采用的三种方式如下：

①调出对象捕捉工具栏，单击相应的捕捉模式。执行“工具”→“工具栏”→“AutoCAD”→“对象捕捉”菜单命令（见图 2-17），绘图区域显示对象捕捉工具栏，如图 2-18 所示。

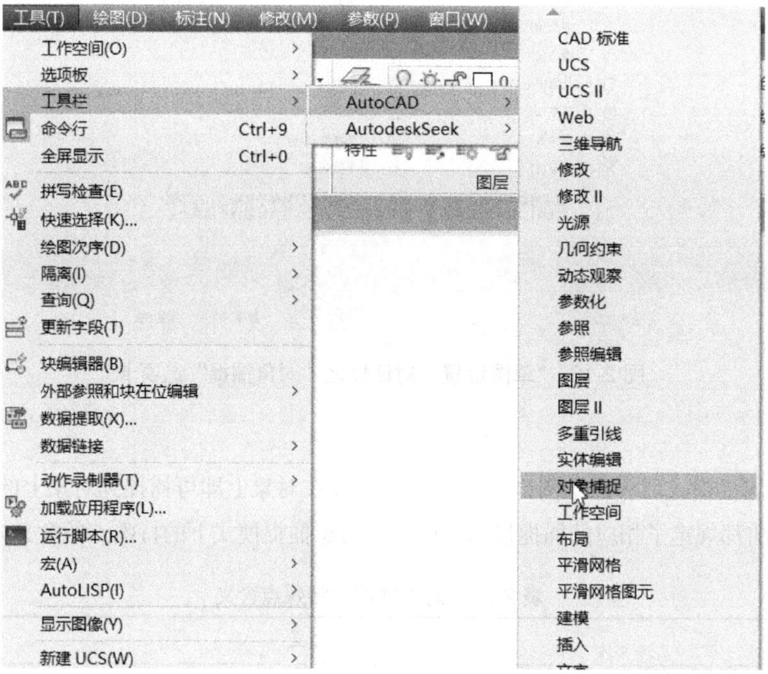

图 2-17　调取对象捕捉工具栏

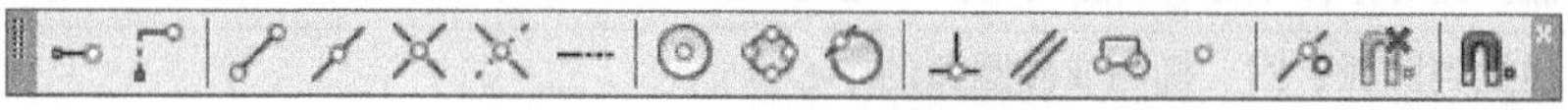

图 2-18　对象捕捉工具栏

②在绘图命令执行过程中，可以使用右键快捷菜单中的“捕捉替代”选项，再选择所需要的捕捉项目，如图 2-19 所示。

③在绘图区任意位置，先按住 Shift 键，再右击，在弹出的快捷菜单中选择相应的捕捉模式，如图 2-20 所示。

（2）固定对象捕捉方式（永久捕捉）。这是一种对象永久捕捉模式，可连续使用。就是说，一旦激活固定对象捕捉方式，可自动执行所设置模式的捕捉，直至关闭。

① 激活固定对象捕捉方式的方法如下：

方法一：单击状态栏上的对象捕捉开关按钮。

方法二：按 F3 键。

方法三：按 Ctrl+F 组合键。

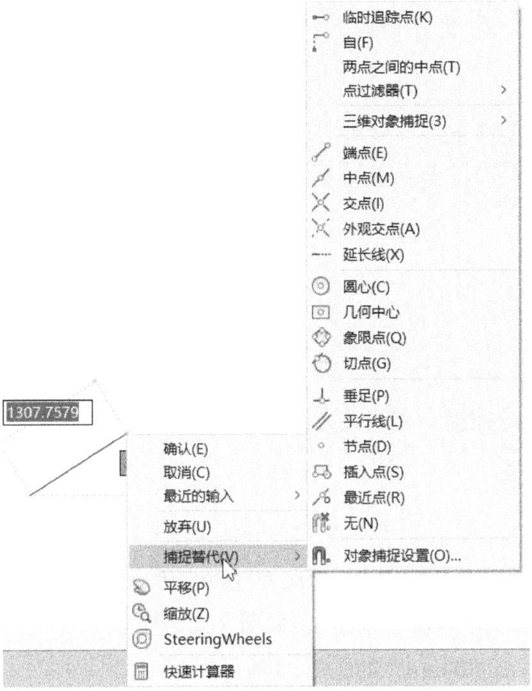

图 2-19　“捕捉替代”子菜单

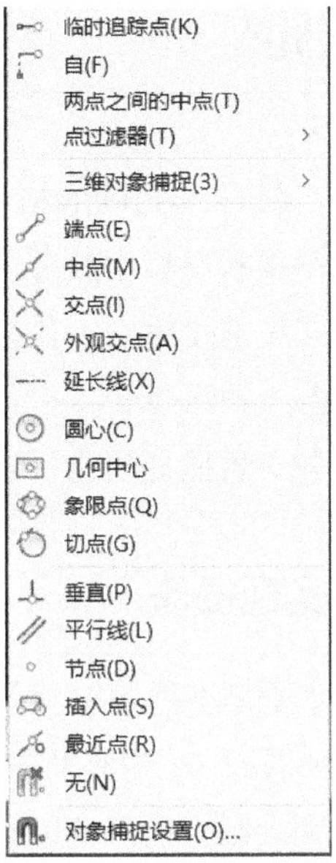

图 2-20　按住 Shift 键右击的快捷菜单

②常规设置方法。

③固定对象捕捉模式的设定。调出“草图设置”对话框的方法如下：

方法一：执行“工具”→“草图设置”菜单命令。

方法二：右击状态栏上的对象捕捉开关按钮，在弹出的快捷菜单中选择“对象捕捉设置”命令，如图 2-21 所示。

图 2-21　选择“对象捕捉设置”选项

方法三：单击标准工具栏中的“对象捕捉”按钮，在弹出的子菜单中选择“对象捕捉设置”选项。

2. 对象追踪

1）命令

命令行：执行 AUTOSNAP 命令。

图标：单击状态栏中的 按钮。

快捷键：按 F11 键。

2）功能

该功能和对象捕捉功能一起使用，用于追踪捕捉点在线性方向上与其他对象的特殊交点。

任务实现操作

（1）画水平基准线段 1，长度 60 mm；画竖直基准线段 2，长度 60 mm；画线段 3（相对坐标 35<210）；画线段 4（相对坐标 35<330）（四条线段长度可任意），如图 2-22 所示。

（2）分别画圆直径为 ϕ10 mm、ϕ20 mm、ϕ40 mm，如图 2-23 所示。

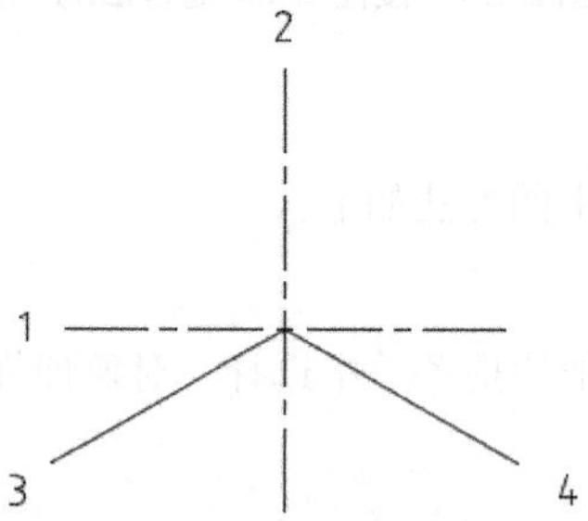

图 2-22　绘制法兰盘步骤一

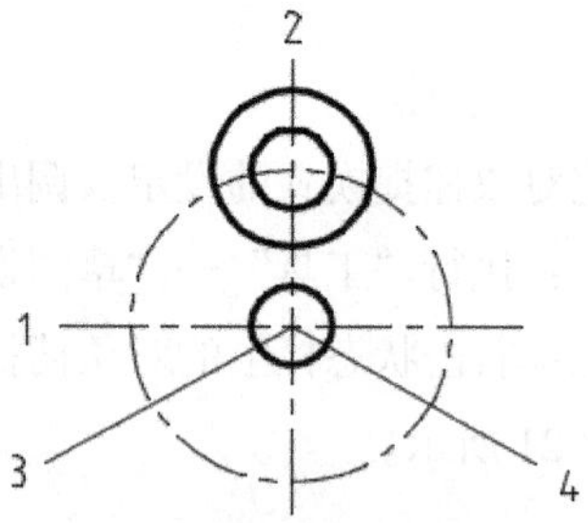

图 2-23　绘制法兰盘步骤二

（3）用复制方法得到其余位置的圆形，如图 2-24 所示。

（4）用“相切、相切、半径”方法画圆，半径为 20 mm，如图 2-25 所示。

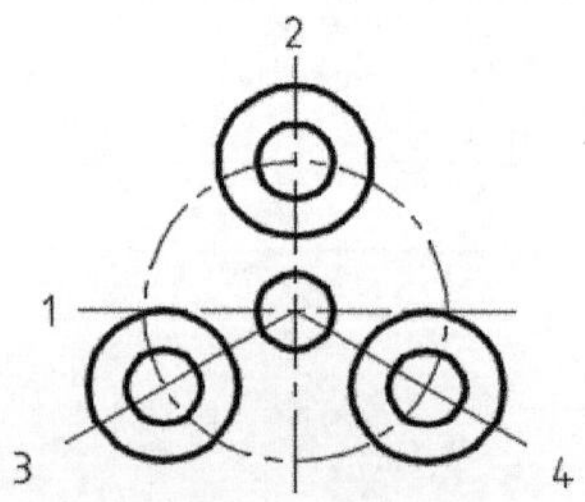

图 2-24　绘制法兰盘步骤三

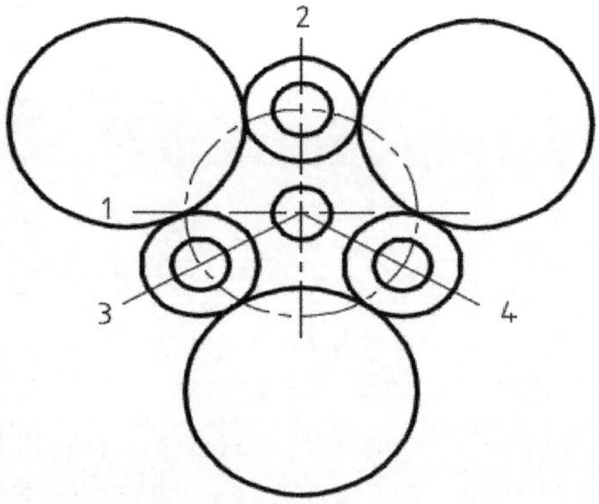

图 2-25　绘制法兰盘步骤四

（5）用修剪命令剪掉多余弧线，如图 2-26 所示。

（6）用删除命令删除线段 3 和 4，如图 2-27 所示。

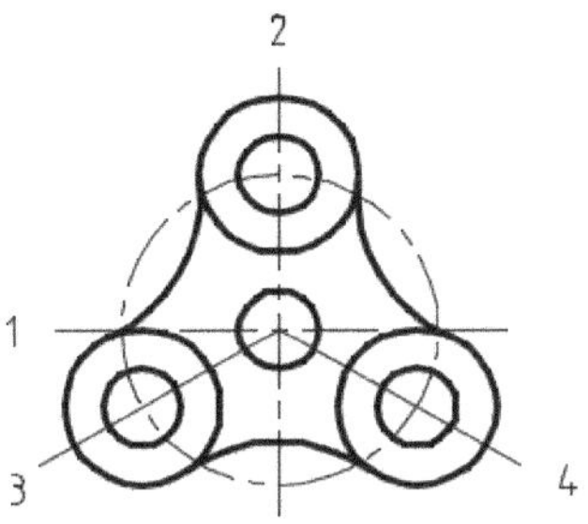

图 2-26　绘制法兰盘步骤五

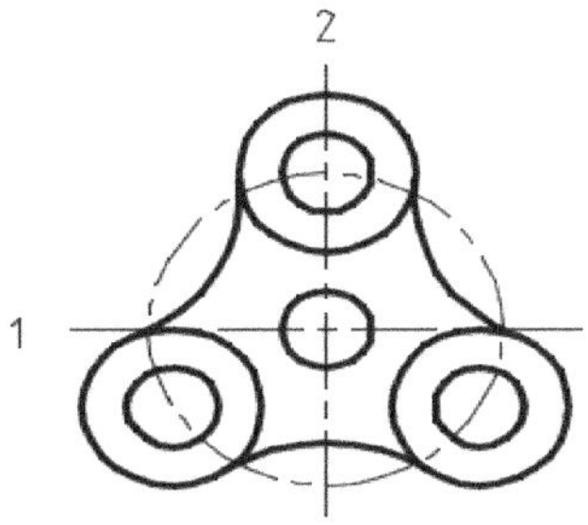

图 2-27　绘制法兰盘步骤六

注意：

（1）在绘制圆的过程中，如果屏幕显示的圆看起来并不圆，而是有些棱角，可以在命令行输入“RE”然后回车，就可以重新生成图形了。

（2）在用“相切、相切、半径”命令画圆时，如果切点选的位置不同，可能造成相切圆弧的方向不一致。

能力训练

1. 知识巩固

（1）画圆的方式有哪几种？

（2）画圆弧的方式有哪几种？

（3）当使用“相切、相切、半径”命令画圆时，应注意什么问题？

（4）如何进行多余线型的修剪？

2. 实践操作

（1）以(320,80)为圆心，以 45 mm 为半径作一个圆。

（2）以 A(45,125)、B(145,125)、C(95,210)为顶点作三角形，绘制出该三角形的内切圆和外接圆。

（3）绘制两圆：圆心(45.5,150)，半径 24 mm；圆心(130,150)，半径 35 mm；绘制两圆的外公切线。

（4）绘制圆心(130,145)，半径 50 mm 的圆；过点 A(30,145)分别作圆的切线 AB 和 AC。再作一圆分别相切于 AB 和 AC，且半径为 20 mm。

（5）利用本节所学知识绘制图 2-28 所示图形。

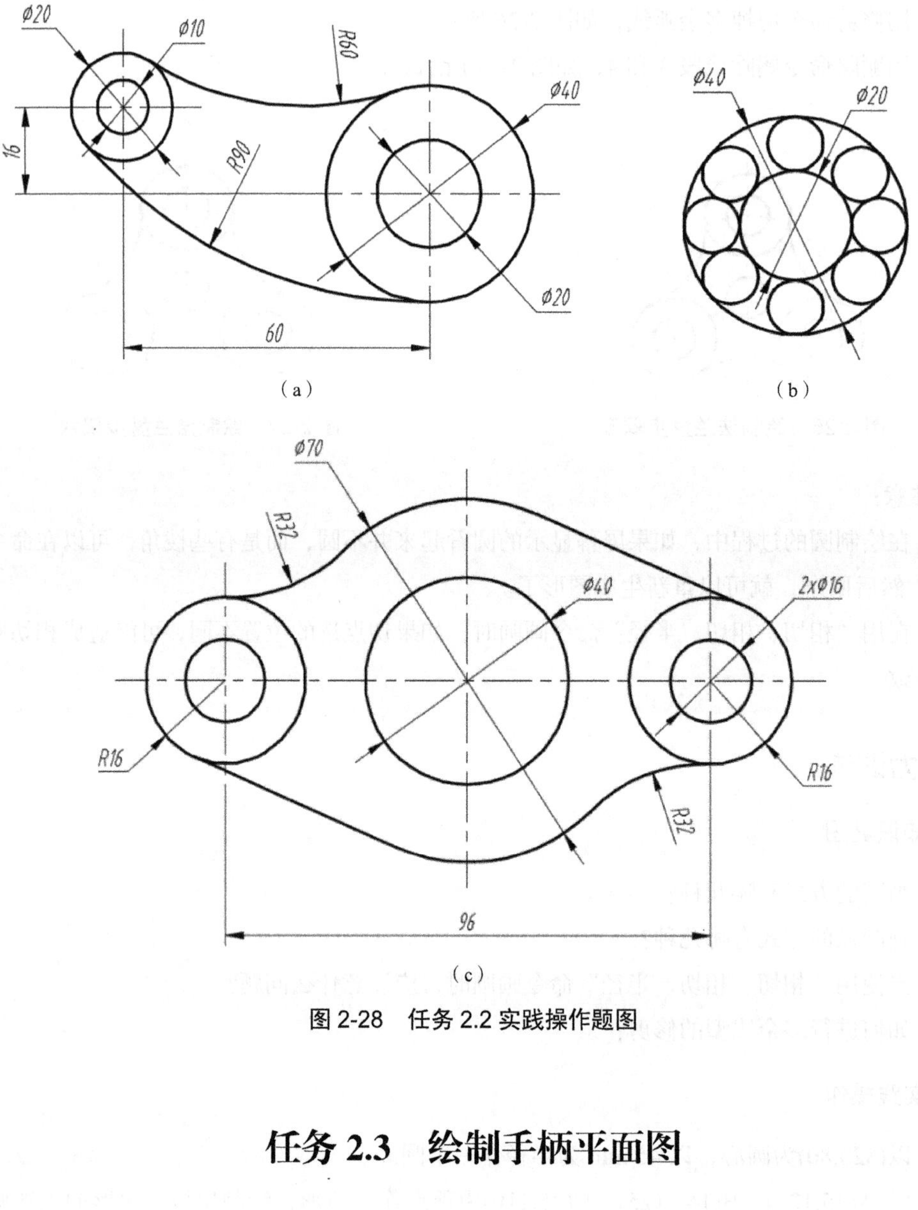

图 2-28　任务 2.2 实践操作题图

任务 2.3　绘制手柄平面图

学习目标

1. 掌握多种复制方法（“偏移”“镜像”）。
2. 掌握线型的修整方法（“打断”“打断于点”）。

职业技能要求

1. 了解绘制零件图的全过程，并学习常用命令的使用方法。
2. 注重对过程的了解，不求详解，只求结果（本图不要求标注尺寸）。

任务描述

绘制如图 2-29 所示的手柄。

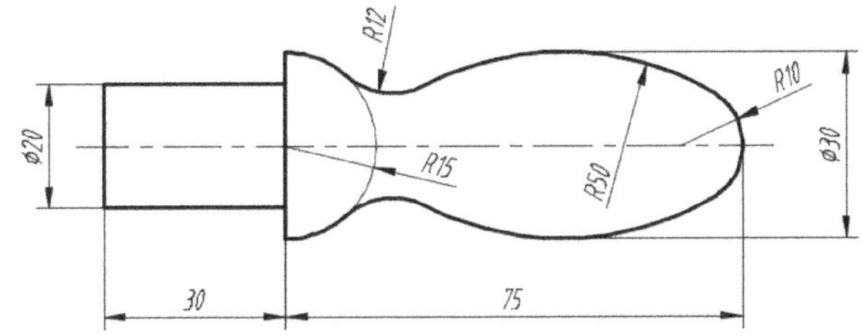

图 2-29　手柄平面图

任务分析

图 2-29 所示手柄主要是直线和圆弧的绘制，上下结构对称，因此可以采用镜像命令进行复制。再利用打断命令，对线形进行快速修整。中间的辅助圆弧可采用修剪后画圆弧或者打断于点的方式。

2.3.1　偏移

1. 命令

命令行：执行 OFFSET（缩写名：O）命令。

菜单栏：执行“修改”→“偏移”菜单命令。

图标：单击“修改”工具栏中的按钮。

2. 功能

将对象用指定的间距复制出一系列等距对象。直线的等距线为平行等长线段，如图 2-30（a）所示。圆的等距线为同心圆，如图 2-30（b）所示。圆弧的等距线为同心圆弧，保持圆心角相同，如图 2-30（c）所示。多段线的等距线为多段线，其中的直线部分偏移成平行线，圆弧部分偏移成同心圆弧，如图 2-30（d）所示。但其组成线段会自动调整，即延伸或修剪，构成另一条多段线，如图 2-30（d）中多段线偏移成直线。矩形与正多边形都是用多段线绘制出来的，所以矩形和正多边形的偏移与多段线的偏移相同，如图 2-30（e）、（f）所示。

3. 格式

（1）指定偏移距离值来确定等距线位置。

命令：OFFSET ↙。

指定偏移距离或[通过（T）/删除（E）/图层（L）]<通过>：10（偏移距离）。

选择要偏移对象，或[退出（E）/放弃（U）]<退出>：（选择直线）。

指定偏移的那一侧上的点，或[退出（E）/多个（M）/放弃（U）]<退出>：（选择需要偏移那一侧的任意一点，偏移完成）。

选择要偏移的对象，或[退出（E）/放弃（U）]<退出>：（继续进行偏移或按回车键结束）。

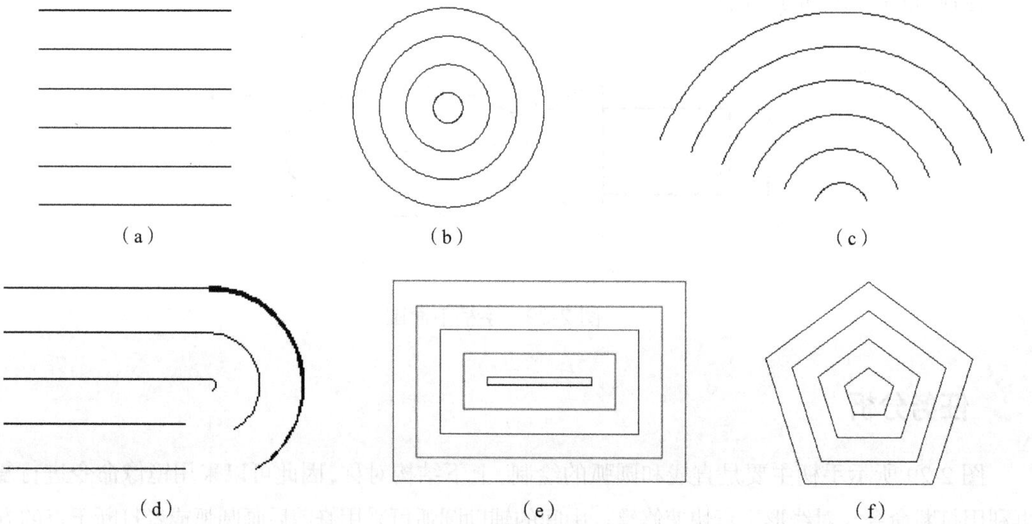

图 2-30 线的偏移

（a）平行等长线段；（b）同心圆；（c）同心圆弧；（d）多段线同心圆弧；（e）矩形；（f）正多边形

（2）指定通过点来确定等距线位置，如图 2-31 所示。

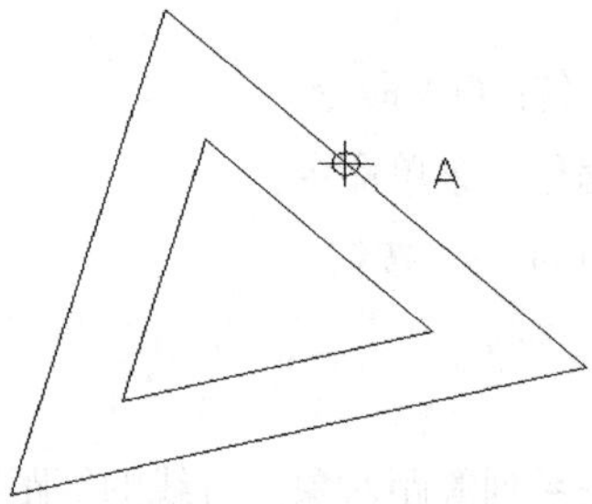

图 2-31 指定通过点

命令：OFFSET ↙。

指定偏移距离或[通过（T）/删除（E）/图层（L）]<通过>：T↙（指定通过点方式）。

选择要偏移对象，或[退出（E）/放弃（U）]<退出>：（选择三角形）。

指定通过点：（指定通过点 A）。

选择要偏移的对象，或[退出（E）/放弃（U）]<退出>：（继续进行偏移或按回车键结束）。

2.3.2 镜像

1. 命令

命令行：执行 MIRROR（缩写名：MI）命令。

菜单栏：执行“修改”→“镜像”菜单命令。

图标：单击“修改”工具栏中的按钮。

2. 功能

用轴对称方式对指定对象做镜像，该轴称为镜像线，镜像时可删去原图形，也可保留原图形（镜像复制）。

3. 格式

命令：MIRROR ↙。

选择对象：（选取图 2-32（a）中左侧的三角形和文字，按回车键确认，也可以继续选取目标）。

指定镜像线的第一点：（端点 A）。

指定镜像线的第二点：（端点 B）。

是否删除源对象？[是（Y）/否（N）]<N>: 回车键（不删除原图形）。

4. 说明

（1）在镜像时，镜像线是一条参照线，可以是存在的线段，也可以是看不见的假想的线段（多用捕捉一条线上的两个特殊点确定镜像线）。

（2）若把系统变量 MIRRTEXT 的值设置为 0，则镜像时对文本只做文本框的镜像，也就是文本的位置做镜像，文本不做镜像，称为文本的局部镜像，如图 2-32（a）所示。若把系统变量 MIRRTEXT 的值设置为 1，则文本做全部镜像，镜像后文本变为反写和倒排，如图 2-32（b）所示，这会使文本不便阅读，一般只有在做艺术造型时才会使用这种方式对文本进行镜像。

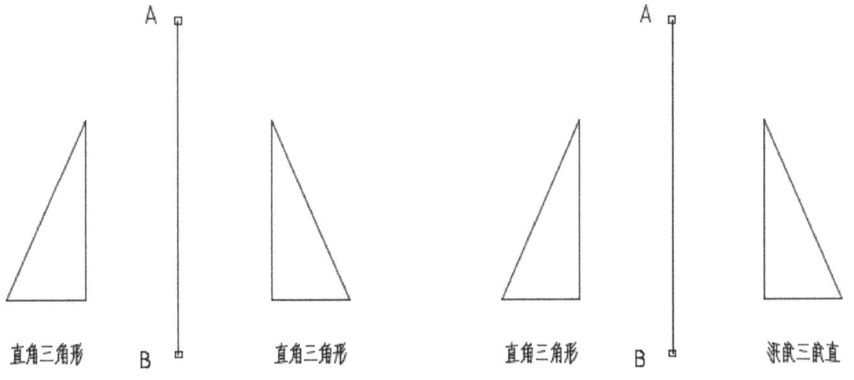

（a）　　（b）

图 2-32　不删除源对象的镜像

（a）MIRRTEXT=0；（b）MIRRTEXT=1

（3）若在“要删除源对象吗？[是（Y）/否（N）]<N>:”提示下输入“Y”并回车，则此时作镜像的原图形将被删除，如图 2-33 所示。

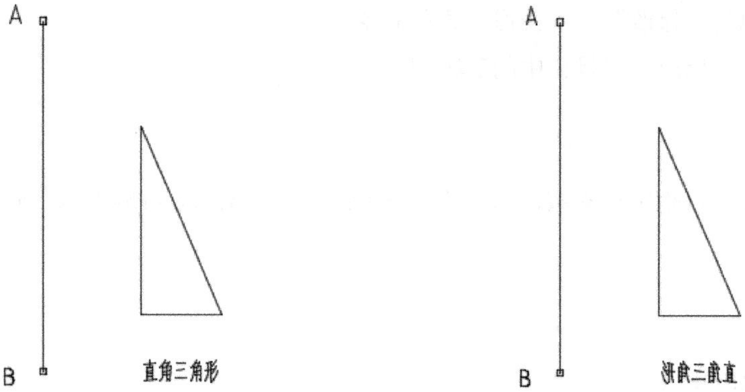

（a）　　　　　　　　　　　　（b）

图 2-33　删除源对象的镜像

（a）MIRRTEXT=0；（b）MIRRTEXT=1

提示：要想设置系统变量 MIRRTEXT 的值，可以在命令行中输入 MIRRTEXT 并回车，根据提示输入 0 或者 1，最后按 Enter 键。

2.3.3　打断

1. 命令

命令行：执行 BREAK（缩写名：BR）命令。

菜单栏：执行“修改”→“打断”菜单命令。

图标：单击“绘图”工具栏中的 和 按钮。

2. 功能

删除对象的一部分或把对象一分为二。

3. 格式

命令：BREAK ↙。

选择对象：（拾取对象，并把拾取点 A 点看作第一断开点，如图 2-34（a）所示）。

指定第二个打断点或[第一点（F）]：F ↙[重新指定第一个断开点，如图 2-34（b）所示]。

（a）　　　　　　　　　　　　（b）

图 2-34　打断

4. 说明

（1）若第一个打断点与第二个打断点重合，则对象从该点一分为二，对应的命令是修改工具栏中的打断于命令。此命令还可以用另一种方法来实现，在“指定第二个打断点或[第一点（F）]：”

提示下输入@并回车，也可以完成打断于点的功能。

（2）打断命令还可以做修剪、缩短功能，指定第一个打断点后，第二个打断点指定在该对象端点以外即可把该物体第一断点一侧删除。

（3）对于圆的打断，其打断的部分是以输入的两打断点逆时针方向打断的。

任务实现操作

（1）用直线命令（执行“绘图”→“直线”菜单命令）画基准线，在图纸中间先画一条水平线，按回车键确认，再按回车键重复直线命令画一条垂直线，最后按回车键确认，如图 2-35 所示。

（2）用偏移命令把水平基准线向上、向下各偏移 10 mm；把垂直基准线向左偏移 30 mm，向右偏移 65 mm，如图 2-36 所示。

（3）修剪出手柄头部，选择垂直基准线和 30 mm 偏移线为边界，修剪掉两条水平偏移线左右两端多余的部分；选择两条水平偏移线为边界，修剪掉 30 mm 偏移线上下两端多余的部分，如图 2-37 所示。

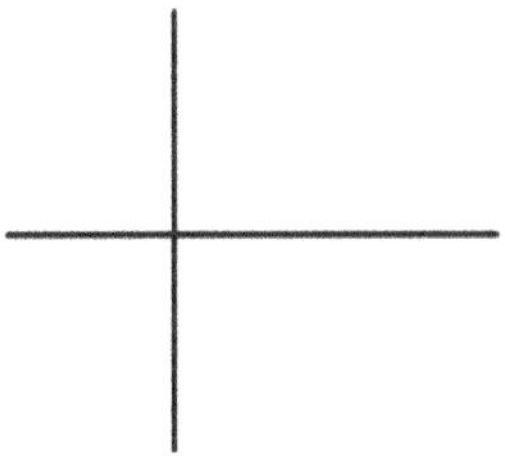

图 2-35　绘制手柄步骤一

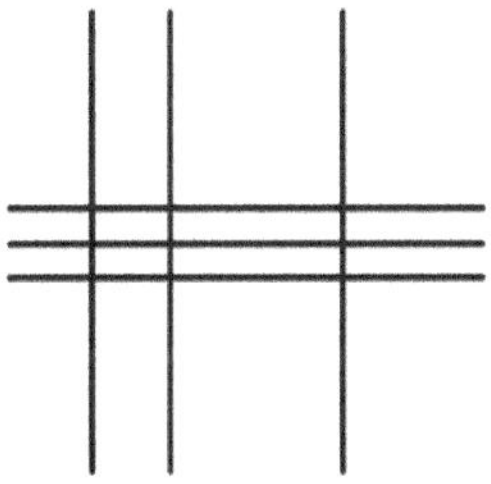

图 2-36　绘制手柄步骤二

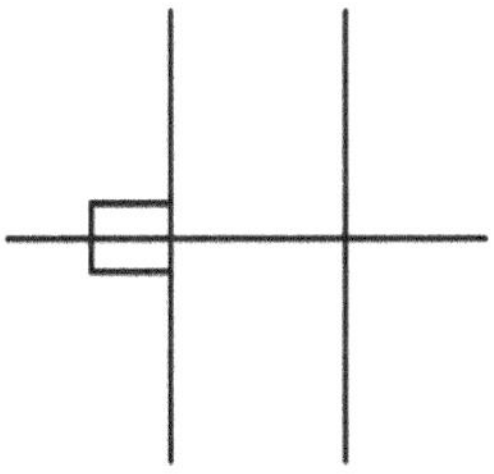

图 2-37　绘制手柄步骤三

（4）画圆（执行“绘图”→“圆”菜单命令），画半径 15 mm 和 10 mm 的圆（用鼠标捕捉圆心，用键盘输入半径），如图 2-38 所示。

（5）选择半径为 15 mm 的圆为边界，修剪掉垂直基准线上下两端多余的部分；选垂直基准线为边界，修剪掉半径为 15 mm 圆的左半部分，如图 2-39 所示。

（6）把水平基准线向上偏移 15 mm。画半径 50 mm 的圆（调取绘制圆的第五种方法：相切、相切、半径），选择 15 mm 偏移线和半径为 10 mm 的圆为对象，用键盘输入半径 50 mm（注意：选取相切对象时，应在切点附近取点）。画半径为 12 mm 的圆（调取绘制圆的第五种方法：相切、相切、半径），选择半径为 15 mm 和 50 mm 的圆为对象，输入半径 12 mm，如图 2-40 所示。

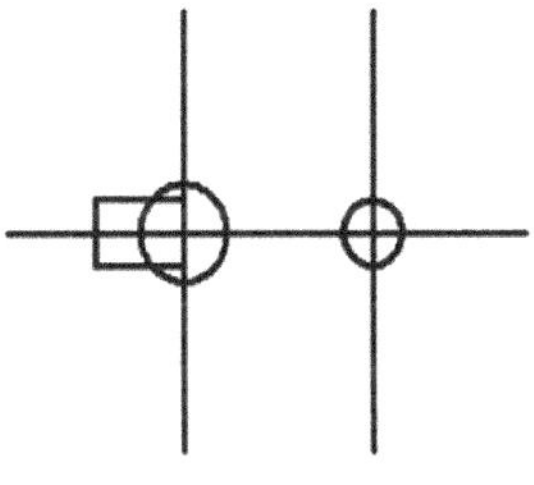

图 2-38　绘制手柄步骤四

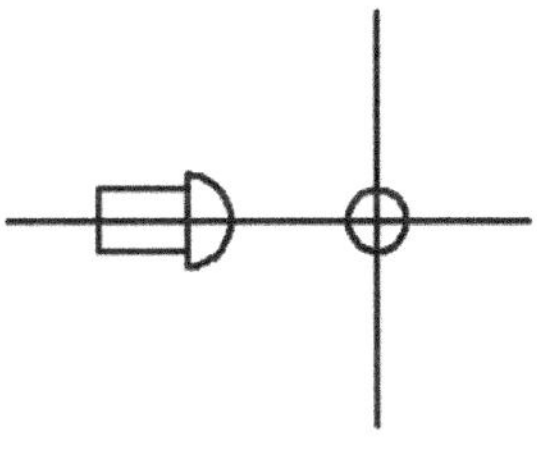

图 2-39　绘制手柄步骤五

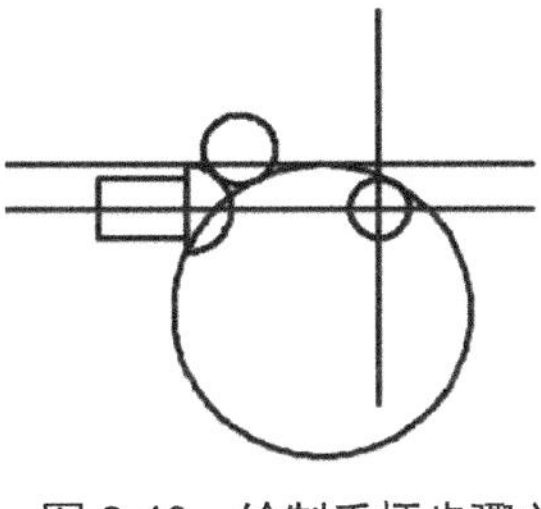

图 2-40　绘制手柄步骤六

（7）用删除命令删除水平 15 mm 偏移线和垂直 65 mm 偏移线。修剪为圆弧，选择半径为 12 mm 和半径为 10 mm 的圆为边界，修剪掉半径为 50 mm 的圆的下半部；选择半径为 50 mm 的圆弧和半径为 15 mm 的半圆为边界，修剪掉半径为 12 mm 的圆的上半部分，如图 2-41 所示。

（8）镜像出手柄的下半部分，执行“修改”→“镜像”菜单命令，选择半径为 12 mm 的圆弧和半径为 50 mm 的圆弧、镜像线，然后在水平基准线上捕捉两点确认，如图 2-42 所示。

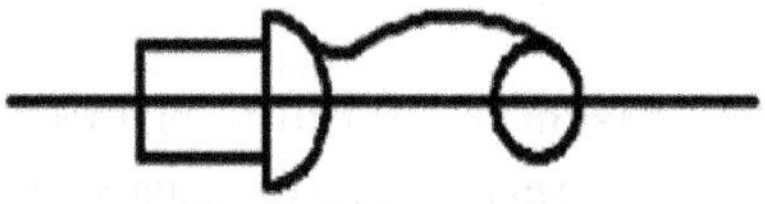

图 2-41 绘制手柄步骤七

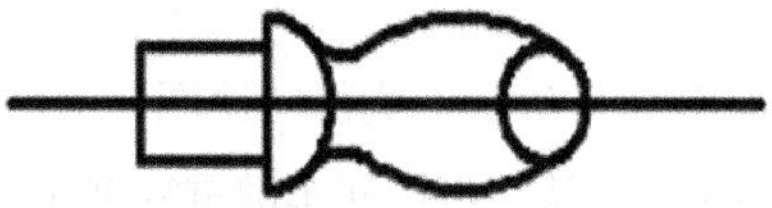

图 2-42 绘制手柄步骤八

（9）以上、下半径为 12 mm 的圆弧为边界，修剪掉半径为 15 mm 的半圆中间的部分；以上、下半径为 50 mm 的圆弧为边界，修剪掉半径为 10 mm 的圆左边多余的部分，如图 2-43 所示。

（10）画圆弧 ab（起点 b、半径为 15 mm 的圆心、端点 a，按逆时针选取点）。用打断的方法修剪水平基准线超出边界 3 ~ 5 mm 的部分。把圆弧 ab 转移到细实线层，把水平基准线转移到中心线层（图层在后面章节详细讲解），如图 2-44 所示。

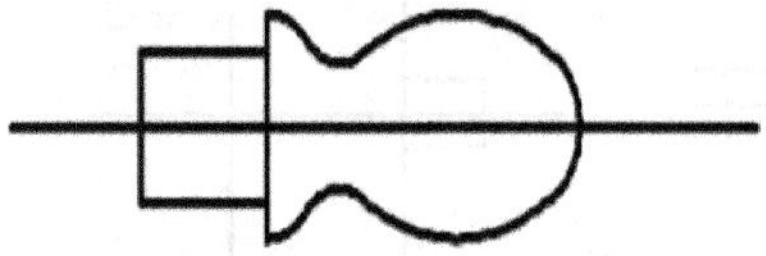

图 2-43 绘制手柄步骤九

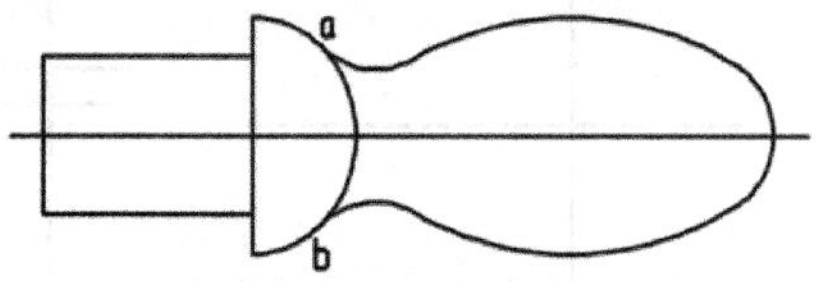

图 2-44 绘制手柄步骤十

注意：

（1）使用偏移命令时，先输入偏移的距离。

（2）镜像时镜像线不一定实际存在，关键在于找到镜像线上的两个镜像点。

（3）使用“打断”命令时，应关闭“对象捕捉”。

能力训练

1. 知识巩固

（1）镜像时，镜像线必须存在吗？

（2）使用“打断”命令打断圆时，选择打断点的顺序是什么？

2. 实践操作

利用本节所学知识绘制图 2-45 中所示图形。

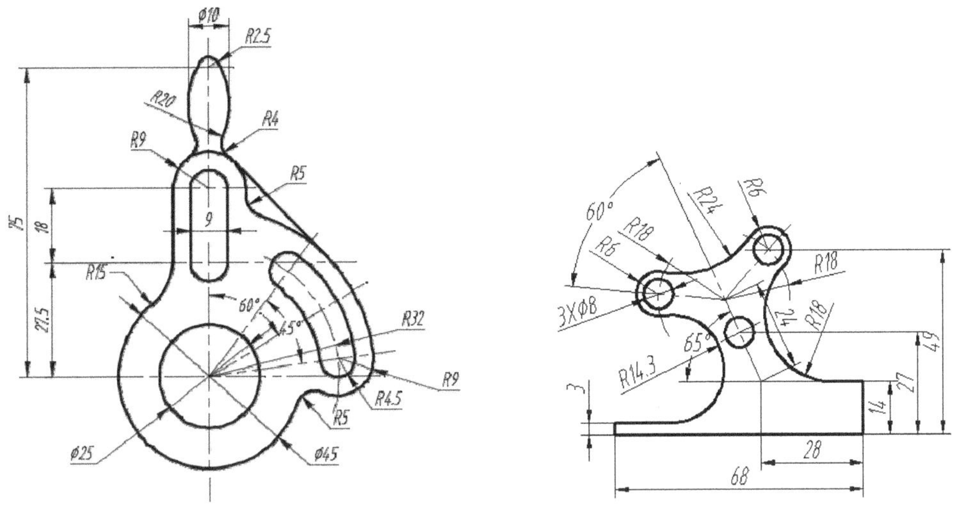

（a）　　　　（b）

图 2-45　任务 2.3 实践操作题图

任务 2.4　绘制五角星平面图

学习目标

1. 掌握点的等分方法和多边形的画法。
2. 掌握图案填充、旋转、对齐命令的使用方法。

职业技能要求

1. 能够对点的样式、定距等分、定数等分等进行正确的操作和应用。
2. 能够对图案进行填充并可编辑填充效果，能够正确地对图形进行旋转、对齐操作。
3. 能够采用多种方式绘制多边形。

任务描述

绘制五角星平面图。其中，外接圆半径为 20 mm，如图 2-46 所示。

图 2-46　五角星平面图

任务分析

绘制五角星平面图的方法有很多，可以通过等分圆的方法，再用直线连接对角点的方式完成；可以利用多边形作为辅助完成。绘制五角星平面图后，利用图案填充来填充相应的部位，即完成绘图。

2.4.1 点的样式

1. 命令

命令行：执行 POINT（缩写名：PO）命令。

菜单栏：执行“绘图”→“点”→“单点”或“多点”菜单命令。

图标：单击“绘图”工具栏中的 按钮。

2. 格式

命令：POINT ↙。

当前点模式：PDMODE=0 PDSIZE=0.0000。

指定点：（给出点所在位置）。

2. 说明

（1）单点只输入一个点，多点可输入多个点。

（2）在绘制点之前，系统默认点的样式是不可见的，可通过命令 DDPTYPE 或执行“格式”→“点样式”菜单命令，在打开的“点样式”对话框中进行设置，让点可见，如图 2-47 所示。

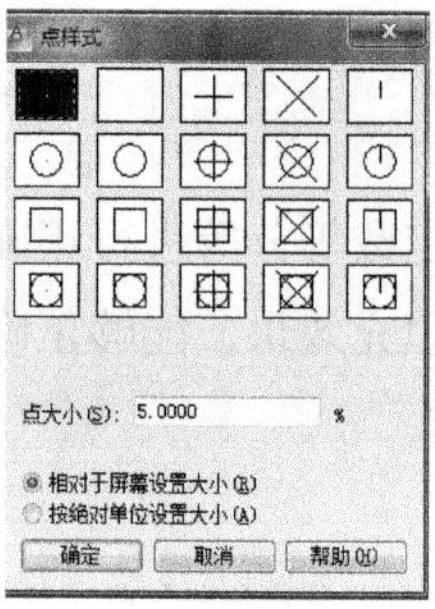

图 2-47 “点样式”对话框

2.4.2 图形的等分

1. 定数等分点

1）命令

命令行：执行 DIVIDE（缩写名：DIV）命令。

菜单栏：执行“绘图”→“点”→“定数等分”菜单命令。

图标：单击“绘图”工具栏中的 按钮。

2）功能

在指定线（直线、圆、圆弧、椭圆、椭圆弧、多段线和样条曲线）上按给出的等分段数设置等分点。

3）格式及示例

命令：DIVIDE ↙。

选择要定数等分的对象：（指定直线、圆、圆弧、椭圆、椭圆弧、多段线和样条曲线等等分对象）。

输入线段数目或[块（B）]：（输入等分的线段数目或 B 选项并在等分点处插入图块）。

把一条 150 mm 的直线段进行五等分，如图 2-48 所示。

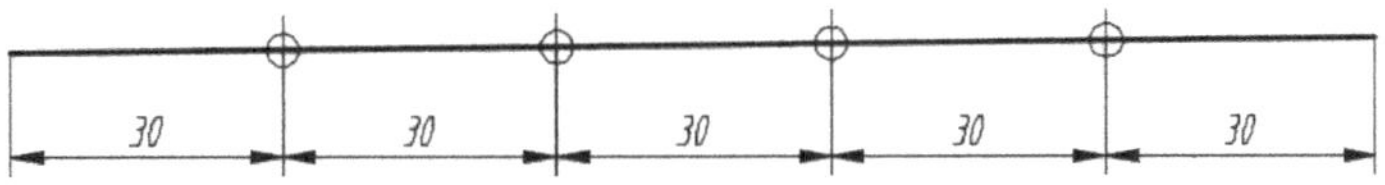

图 2-48　定数等分直线

4）说明

（1）等分数范围为 2 ~ 32 767。

（2）在等分点处，按当前点样式设置画出等分点。

（3）在等分点处也可以插入指定的块。

2. 定距等分点

1）命令

命令行：执行 MEASURE（缩写名：ME）命令。

菜单栏：执行“绘图”→“点”→“定距等分”菜单命令。

图标：单击“绘图”工具栏中的 按钮。

2）功能

在指定线（直线、圆、圆弧、椭圆、椭圆弧、多段线和样条曲线）上，按给出的分段长度放置点。

3）格式及示例

命令：MEASURE ↙。

选择要定距等分的对象：（指定直线、圆、圆弧、椭圆、椭圆弧、多段线和样条曲线等等分对象）。

指定线段长度或[块（B）]：（指定距离或输入 B 选项并在等分点处插入图块）。

把一条 150 mm 的直线段，定距 20 mm 进行等分，如图 2-49 所示。

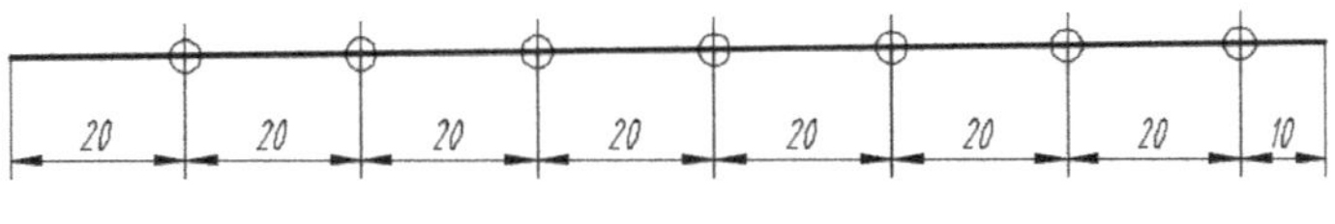

图 2-49　定距等分直线

2.4.3 多边形的绘制

1. 命令

命令行：执行 POLYGON（缩写名：POL）命令。
菜单栏：执行“绘图”→“正多边形”菜单命令。
图标：单击“绘图”工具栏中的 按钮。

2. 功能

画正多边形，边数为 3 ~ 1024，初始线宽为 0，可用 PEDIT 命令修改线宽。

3. 格式及示例

命令：POLYGON ↙。
输入侧面数<4>:5 ↙（给出边数 5）。
指定多边形的中心点或[边（E）]:（给出中心点 1）。
输入选项[内接于圆（I）/外切于圆（C）] <I>：↙[选内接于圆，如图 2-50（a）所示,如选外切与圆，则如图 2-50（b）所示]。
指定圆的半径:（给出半径）。

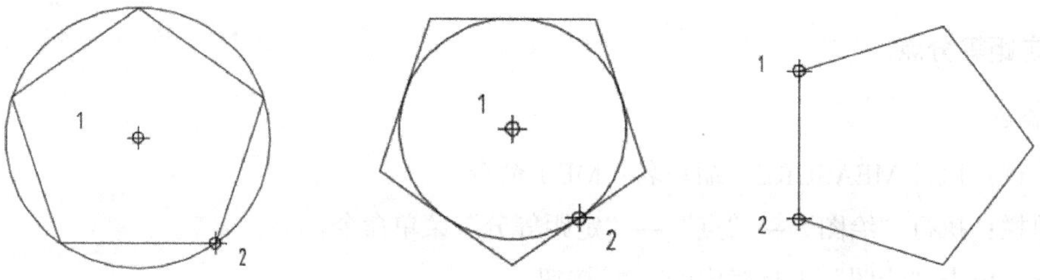

（a）　（b）　（c）

图 2-50　正多边形

4. 说明

选项 E 指提供一个边的起点 1 和端点 2，AutoCAD 按逆时针方向创建该多边形，如图 2-50（c）所示。

2.4.4 旋转

1. 命令

命令行：执行 ROTATE（缩写名：RO）命令。
菜单栏：执行“修改”→“旋转”菜单命令。
图标：单击“修改”工具栏中的 按钮。

2. 功能

绕指定中心旋转图形或复制一个新的对象再将其绕指定中心旋转。

3. 格式

命令：ROTATE ↙。
UCS 当前的正角方向：ANGDIR=逆时针 ANGBASE=0。
选择对象：（选择要旋转的对象）。
选择对象：（按回车键确认）。
指定基点：（指定旋转的中心点）。
指定旋转角度，或[复制（C）/参照（R）]: <0>（指定旋转的角度）。

4. 说明

（1）旋转角度：决定对象绕基点旋转的角度，旋转轴通过指定的基点，且平行于当前 UCS 的 Z 轴。旋转角度为正时，逆时针旋转；旋转角度为负时，顺时针旋转。

（2）复制（C）：创建要旋转的选定对象的副本，原图形并不删除。

（3）参照（R）：将对象从指定的角度旋转到新的绝对角度。

2.4.5　对齐

1. 命令

命令行：执行 ALIGN（缩写名：AL）命令。
菜单栏：执行“修改”→“三维操作”→“对齐”菜单命令。
图标：单击“修改”工具栏中的  按钮。

2. 功能

把选定对象通过移动和旋转操作使之与指定位置对齐。

3. 格式及示例

将图 2-51 所示的房顶和房体连接起来，形成一个完整的房屋。
命令：ALIGN ↙。
正在初始化...
选择对象：（选择房顶）。
选择对象：↙（按回车键）。
指定第一个源点：（选择房顶中点 2）。
指定第一个目标点：（选择房顶中点 3）。
指定第二个源点：（选择点 1）。

指定第二个目标点：（选择点 4）。

指定第三个源点或<继续>：↙。

是否基于对点齐缩放对象？[是（Y）/否（N）] <否>：（是否比例缩放对象，使 12 的长度与 34 的长度一样，如图 2-52 所示）。

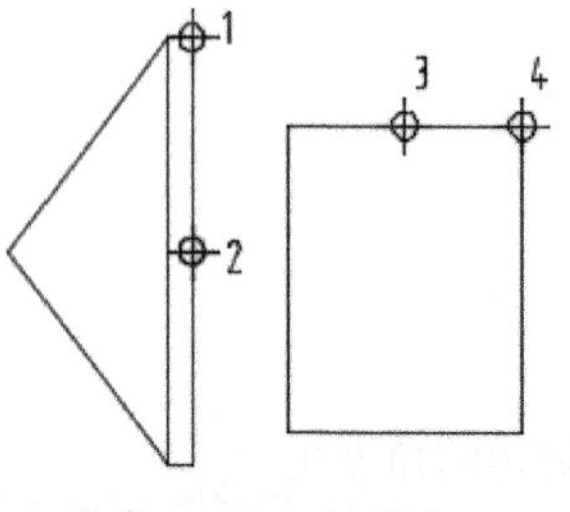

（a）　（b）

图 2-51　房屋的连接

（a）房顶；（b）房体

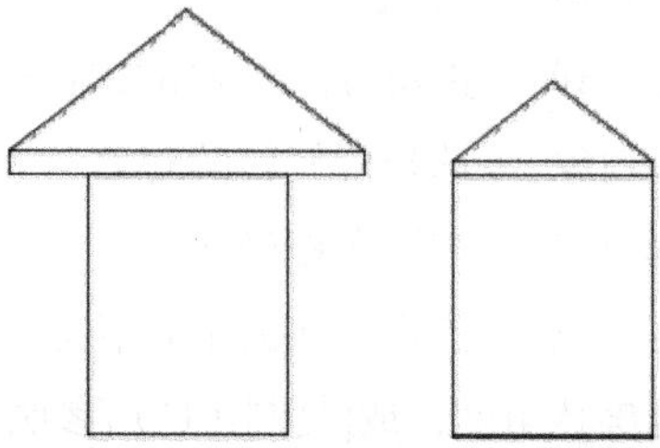

（a）　（b）

图 2-52　连接后的房屋

（a）不缩放对象；（b）缩放对象

4. 说明

（1）以第一个源点与第一个目标点控制对象的平移。

（2）以第二个源点与第二个目标点控制对象的旋转，使原线与目标线重合；一般利用第二目标点控制对象旋转的方向和角度，也可以通过是否比例缩放的选项，以第一个目标点为基准点进行对象变化，使第二个源点和第二个目标点重合。

（3）在三维空间中对齐对象时，则需要指定第三个源点和目标点。

2.4.6　图案填充

1. 命令

命令行：执行 HATCH（缩写名：H、BH）命令。

菜单栏：执行“绘图”→“图案填充”菜单命令。

图标：单击“绘图”工具栏中的按钮。

2. 功能

绘制剖面符号或剖面线；表现表面纹理或涂色。在图 2-53 所示“图案填充创建”选项卡中操作，实施图案填充。

图 2-53　“图案填充创建”选项卡

3. 格式

命令：HATCH ↙。
拾取内部点或[选择对象（S）/放弃（U）/设置（T）]:
正在分析内部孤岛…
拾取内部点或[选择对象（S）/放弃（U）/设置（T）]: ↙。

4. 说明

1）“边界”组

在绘制剖面线时，首先要确定剖面域的边界。剖面线的边界只能由直线、圆弧、圆、二维多段线等组成，并且必须在当前屏幕上全部可见。通常可以用“拾取点”（见图 2-54）的方法定义剖面线的边界。

（a）　　（b）

图 2-54 “边界”组

（a）方法一：拾取点；（b）方法二：选择

2）“图案”组

AutoCAD 2018 为用户提供了 90 多种预先定义好的剖面线图案，每种剖面线图案都有一个名字，用户可以依据名字或者图标选用这些图案中的任何一种，只要单击相应的图标即可，如图 2-55 所示。

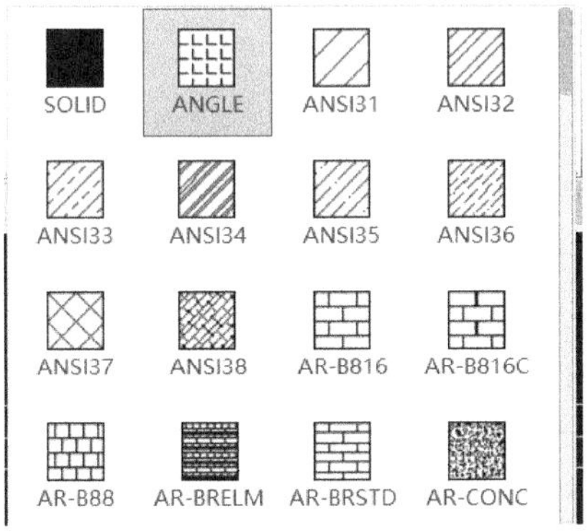

图 2-55 “图案”选项

3）“特性”组

“图案”下拉列表框中的“用户定义”选项供用户自定义图案时使用，如图 2-56 所示。

（1）“角度”：填充图案与水平方向的倾斜角度。

（2）“填充图案比例”：展开或收拢预定义或自定义的图案填充，如图 2-57 所示。

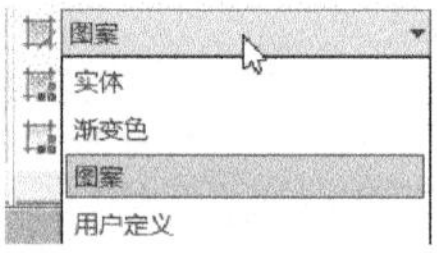

图 2-56 “图案”下拉列表框

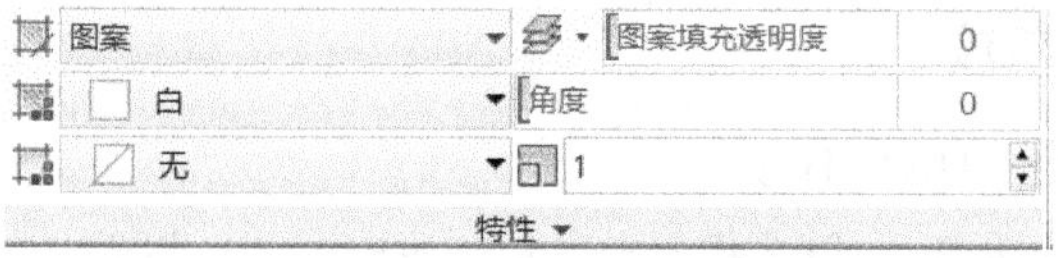

图 2-57 “特性”组

4）“选项”组

（1）“关联”：剖面线和边界的关系可以分为关联和不关联两种，即关联剖面线和不关联剖面线。

（2）“孤岛”：通常将位于一个已定义好的填充区域内的封闭区域称为孤岛。

绘制剖面线的方式如下：

①普通孤岛检测：从外部向内填充。当图案填充遇到一个内部孤岛时即停止填充，直到检测到该孤岛内部还有一个孤岛时，将以此检测到的第奇数个孤岛进行填充，如图 2-58（a）所示。

②外部孤岛检测：从外部向内填充，只对最外层进行填充，如图 2-58（b）所示。

③忽略孤岛检测：忽略边界内的对象，所有内部结构都被填充，如图 2-58（c）所示。

④无孤岛检测：关闭以使用传统孤岛检测方法。

注意：指定的点必须位于由一个或多个对象完全封闭的区域中，如图 2-58（d）所示。

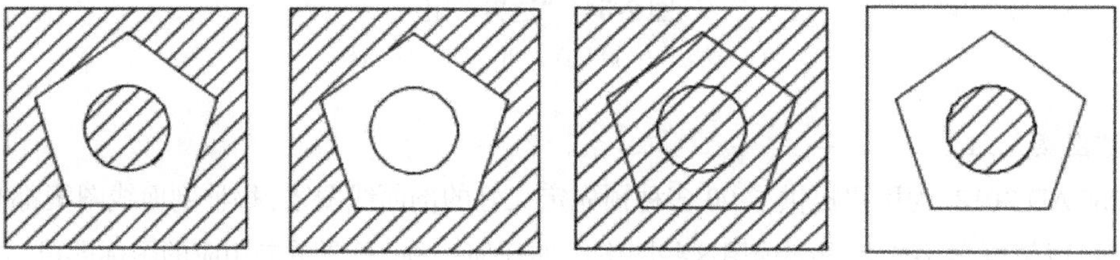

（a）（b）（c）（d）

图 2-58 填充方式

（a）普通孤岛检测；（b）外部孤岛检测；（c）忽略孤岛检测；（d）无孤岛检测

2.4.7 编辑填充的图案

1. 命令

命令行：执行 HATCHEDIT（缩写名：HE）命令。

菜单栏：执行“修改”→“对象”→“图案填充”菜单命令。

图标：单击“修改”工具栏中的 按钮。

2. 功能

可以编辑已经填充的图案，但编辑过程会改变图案填充对象的一些特性，如关联性。

3. 格式

命令：HATCHEDIT ↙。

选择图案填充对象：（选择已有的图案填充对象）。

直接双击所要编辑的图案填充对象，也可以打开“图案填充编辑”对话框，如图 2-59 所示。

图 2-59　“图案填充编辑”对话框

4. 说明

（1）“图案填充”选项卡：用于修改填充图案特性。

（2）“渐变色”选项卡：用于修改渐变填充特性。

（3）边界：选择图案填充对象，修改图案填充边界。

（4）选项：生成填充图案，删除图案填充关联，将具有几个独立边界的单个图案填充对象分割为多个独立的图案填充对象，并更改图案填充绘图次序。

（5）继承特性：从其他图案填充对象指定图案填充或填充特性。

（6）预览：临时关闭对话框并用指定的特性显示选定的对象。

任务实现操作

利用定数等分方式绘图。

（1）绘制半径为 20 mm 的圆，并设置点样式，定数等分圆周，如图 2-60（a）所示。

（2）利用“直线”命令连接相应的点，如图 2-60（b）所示。

（3）利用“旋转”命令把图形旋转至图 2-60（c）所示的位置。

（4）利用“修剪”命令删除多余线型，如图 2-60（d）所示。

（5）利用“填充”命令对所需填充区域进行填充，如图 2-60（e）所示。

（6）删除辅助圆及各等分点，完成绘图，如图 2-60（f）所示。

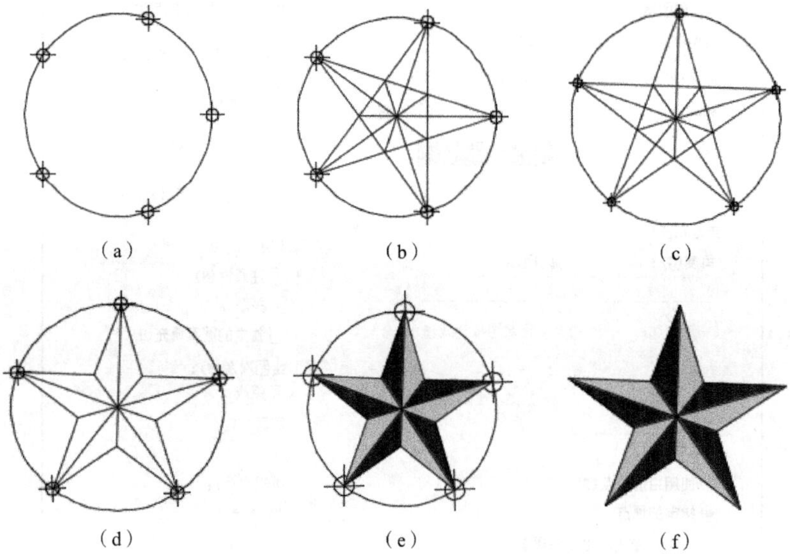

图 2-60　绘制过程详解

（a）五等分圆周；（b）用直线连接各点；（c）旋转图形；（d）修剪掉多余线型；（e）填充图形；（f）完成绘图

任务 2.5　绘制吊钩平面图

学习目标

1. 掌握“倒角”“圆角”命令的使用方法。
2. 掌握两圆相切时，两圆心之间距离与半径之间的关系。

职业技能要求

能够正确使用“圆角”命令绘制圆弧，并能根据不同的情形选择合适的圆弧绘制方法。

任务描述

绘制吊钩平面图形，如图 2-61 所示。

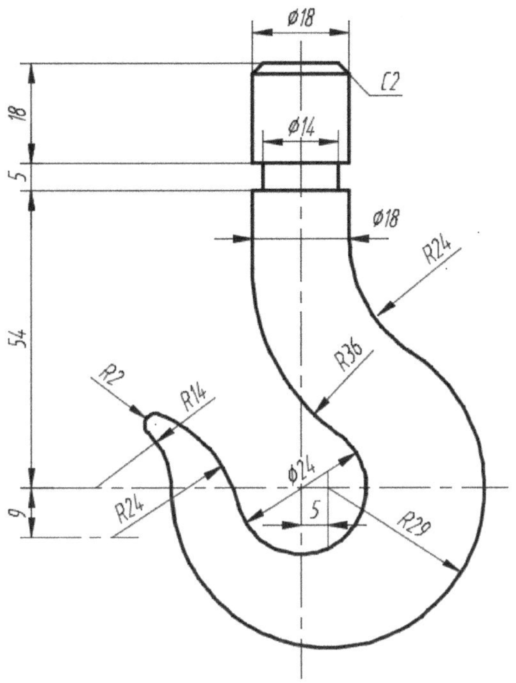

图 2-61　吊钩平面图

任务分析

图 2-64 中吊钩的头部倒角 *C*2（2 × 45°）的画法：

（1）使用偏移命令偏移 2 mm（3 次）。

（2）使用倒角命令完成绘制（提示：需在倒角前设置好倒角距离 2 mm）。

*R*24 和 *R*36 圆弧的绘制方法：

（1）调取绘制圆的第 5 种方法：（相切、相切、半径），修剪多余部分。

（2）利用圆角命令完成绘制。吊钩尾部的 *R*2 圆最后绘出，重点是 *R*24 和 *R*14 圆弧圆心位置的确定（两圆相外切时，圆心之间的距离等于两圆的半径和）。

2.5.1　倒角

1. 命令

命令行：执行 CHAMFER（缩写名：CHA）命令。

菜单栏：执行“修改”→“倒角”菜单命令。

图标：单击“修改”工具栏中的 按钮。

2. 功能

对两条直线边做倒角，倒角的参数可用以下两种方法确定：

（1）距离方法：由第一个倒角距离 *A*（30 mm）和第二个倒角距离 *B*（10 mm）确定，如图 2-62（a）所示。

（2）角度方法：由对第一条直线的倒角距离 *C*（30 mm）和倒角角度 *D*（40°）确定，如图 2-62（b）所示。

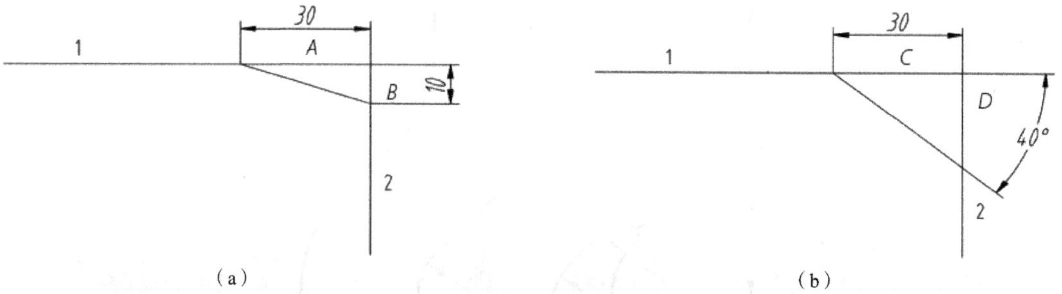

图 2-62　倒角

3. 格式及示例

命令：CHAMFER ↙。

（“修建”模式）当前倒角距离 1=0.0000，距离 2=0.0000。

选择第一条直线或[放弃（U）/多段线（P）/距离（D）/角度（A）/修剪（T）/方式（E）/多个（M）]：D↙。

指定第一个倒角距离<0.0000>:30↙。

指定第二个倒角距离<30.0000>:10↙。

选择第一条直线或[放弃（U）/多段线（P）/距离（D）/角度（A）/修剪（T）/方式（E）/多个（M）]：[选择直线 1，如图 2-65（a）所示]。

选择第二条直线，或按住 Shift 键选择直线以应用角点或[距离（D）/角度（A）/方法（M）]：（选择直线 2，做倒角）。

4. 说明

（1）放弃（U）：放弃当前命令。

（2）多段线（P）：在二维多段线的直线边之间倒角，当线段长度小于倒角距离时，不做倒角。

（3）距离（D）：设置倒角距离，两个倒角距离可以相等也可以不相等。

（4）角度（A）：用角度方法确定倒角参数，根据一个倒角距离和一个角度进行倒角。

（5）修剪（T）：确定倒角时是否对相应的倒角进行修剪，选择修剪模式，后续提示如下：

输入修剪模式选项[修剪（T）/不修剪（N）]<修剪>：

若改为不修剪（N），则倒角时将保留原线段，既不修剪也不延伸。

（6）方法（M）：选定倒角的方法，即选择距离或角度方法。

（7）在倒角为零时，CHAMFER 命令将使两边相交。

（8）CHAMFER 命令也可以对三维实体的棱边做倒角。

2.5.2　圆角

1. 命令

命令行：执行 FILLET（缩写名：F）命令。
菜单栏：执行“修改”→“圆角”菜单命令。
图标：单击“修改”工具栏中的 按钮。

2. 功能

在直线、圆弧或圆间以指定半径做圆角，也可对多线段做圆角处理。

3. 格式及示例

命令：FILLET ↙。
当前模式：模式=修剪，半径=0.0000。
选择第一条对象或[放弃（U）/多段线（P）/半径（R）/修剪（T）/多个（M）]：R。
指定圆角半径<0.0000>:20↙。

选择第一个对象或[放弃（U）/多段线（P）/半径（R）/修剪（T）/多个（M）]：[拾取 1，如图 2-63（a）所示]。

选择第二个对象，或按住 Shift 键选择对象的应用角点或[半径（R）]：[拾取 2，如图 2-63（b）所示，由于处于修剪模式，所以多余线段被修剪]。

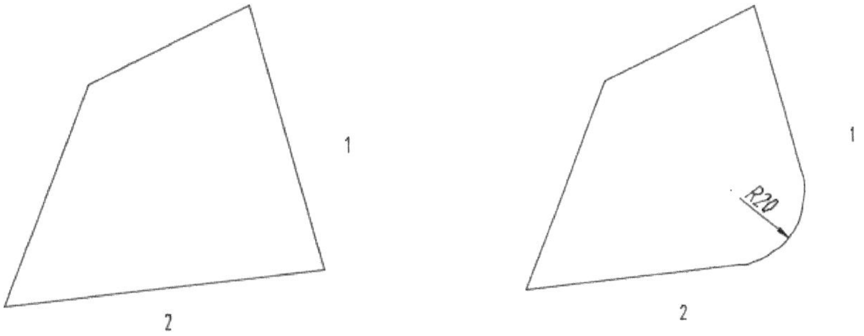

（a）　　（b）

图 2-63　倒圆角

4. 说明

（1）多段线（P）：选二维多段线做倒圆角，它只能在直线段间倒圆角，如两直线段间有圆弧段，则该圆弧段被忽略，后续提示为：

选择二维多段线或[半径（R）]：[选择多段线直线部分，如图 2-64（a）所示。结果如图 2-64（b）所示]。

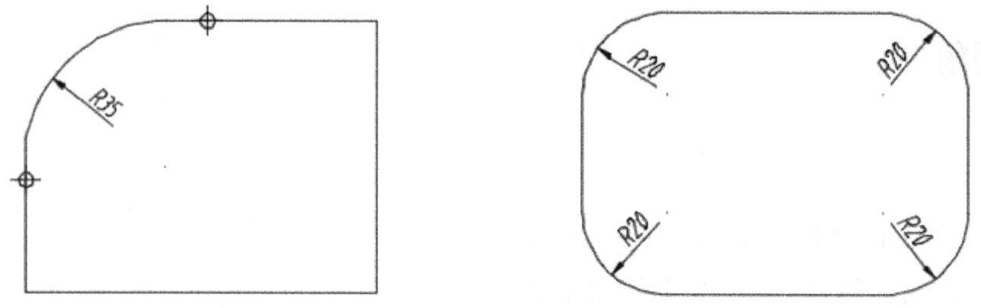

（a） （b）

图 2-64 选多段线倒圆角

（2）半径（R）：设置圆角半径。

（3）修剪（T）：选择修剪模式，后续提示如下：

输入修剪模式选项[修剪（T）/不修剪（N）]<修剪>：[若改为不修剪（N），则倒圆角时将保留原线段，既不修剪也不延伸]。

（4）在圆角半径为零时，FILLET 命令将使两边相交。

（5）FILLET 命令也可以对三维实体的棱边倒圆角。

（6）在可能产生多解的情况下，AutoCAD 2018 按拾取点位置与切点相近的原则来判别倒圆角位置与结果。

（7）对圆倒圆角不修剪，如图 2-65 所示。

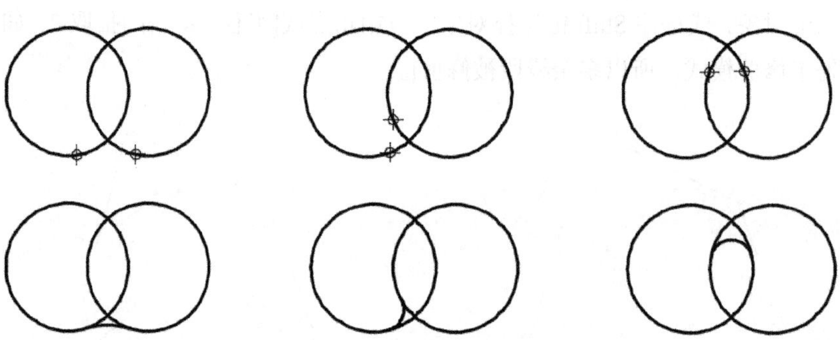

图 2-65 对圆倒圆角不修剪

（8）平行的直线和射线忽略当前圆角半径的设置，自动计算两平行线的距离，以此来确定圆角半径，并从第一线段的端点制作圆角（半圆），如图 2-66 所示。

图 2-66 对平行线的倒圆角

任务实现操作

利用所学命令绘制吊钩平面图。

（1）用直线命令画基准线，在图纸中间先画一条水平线，按空格键确认，再用空格键重复直线命令，画一条垂直线；用偏移命令把水平基准线向下偏移 18 mm，把 18 mm 偏移线继续向下偏移 5 mm，把 5 mm 偏移线继续向下偏移 54 mm，把 54 mm 偏移线继续向下偏移 9 mm，把垂直基准线向左、右各偏移 9 mm，如图 2-67 所示。

（2）利用倒角命令，做出吊钩的头部，倒角两个距离均为 2 mm，然后补画线段，中间直径 14 mm，利用偏移和修剪命令完成，如图 2-68 所示。

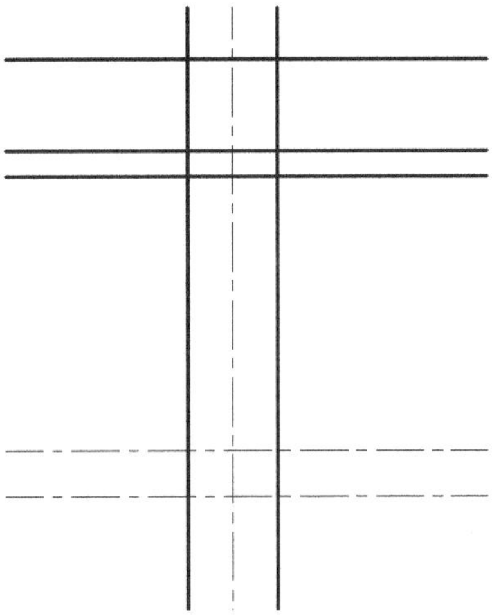

图 2-67　绘制吊钩步骤一

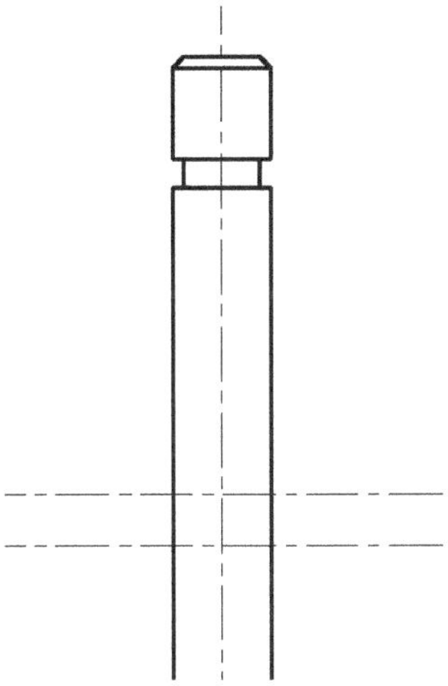

图 2-68　绘制吊钩步骤二

（3）绘制直径为 24 mm 的圆，作 5 mm 的偏移线，作半径为 29 mm 的圆，如图 2-69 所示。

（4）利用倒圆角命令，作半径为 24 mm 和 36 mm 的圆弧，如图 2-70 所示。

（5）作吊钩尖部 *R*24，圆心的确定方法有以下两种：

①以 ϕ24 圆心为圆心，以 36（12+24）mm 为半径画圆。

②把 ϕ24 圆向外偏移 24 mm，与 9 mm 偏移线的交点为 *R*24 圆弧圆心位置，如图 2-71 所示。使用同样的方法，确定 *R*14 的圆心，如图 2-72 所示。

（6）利用倒圆角命令绘制 *R*2，如图 2-73 所示。修剪掉多余的线，如图 2-74 所示。

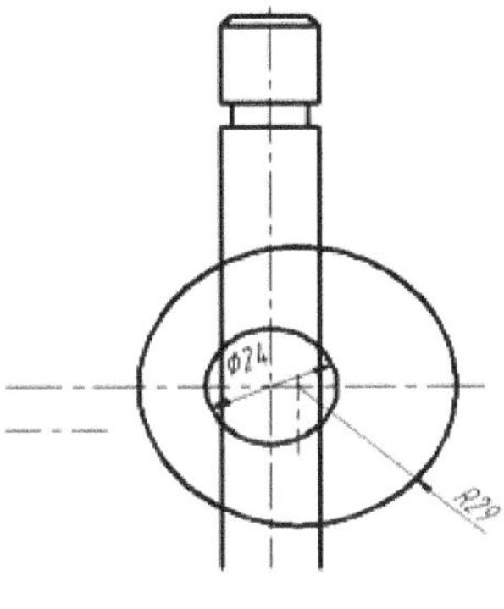

图 2-69　绘制吊钩步骤三

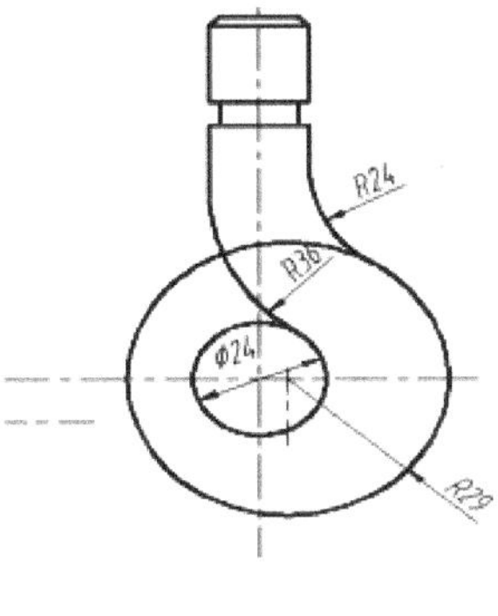

图 2-70　绘制吊钩步骤四

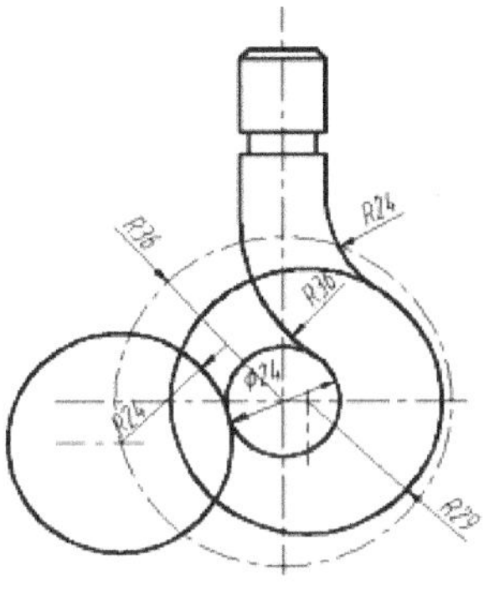

图 2-71　绘制吊钩步骤五

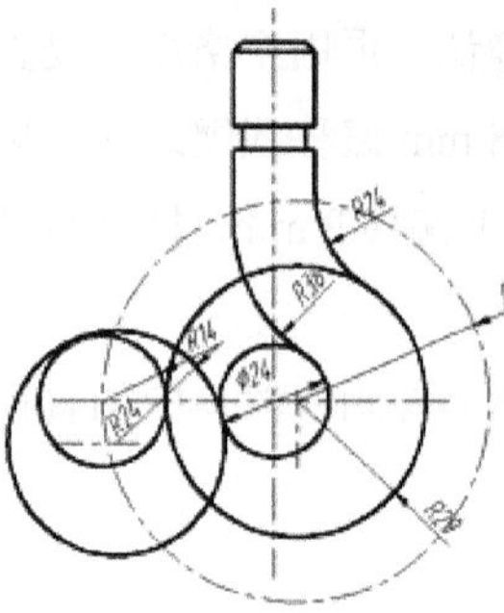

图 2-72　绘制吊钩步骤六

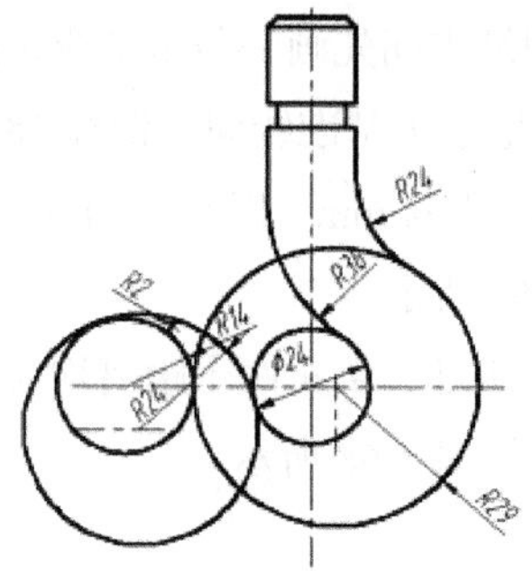

图 2-73　绘制吊钩步骤七

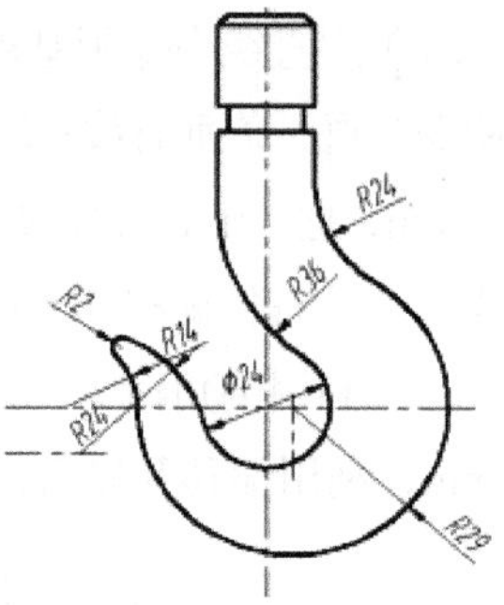

图 2-74　绘制吊钩步骤八

注意：倒角的画法 *C*2（2×45°）：

（1）使用偏移命令。偏移 2 mm（三次）后进行连线、修剪和删除。

（2）使用倒角命令。需在倒角前设置好倒角距离（2 个数值）。

能力训练

1. 知识巩固

（1）进行直角倒角时，如果两倒角边不等距，如何进行操作？

（2）如何进行倒圆角命令的操作？

2. 实践操作

利用本节所学知识绘制如图 2-75 所示图形。

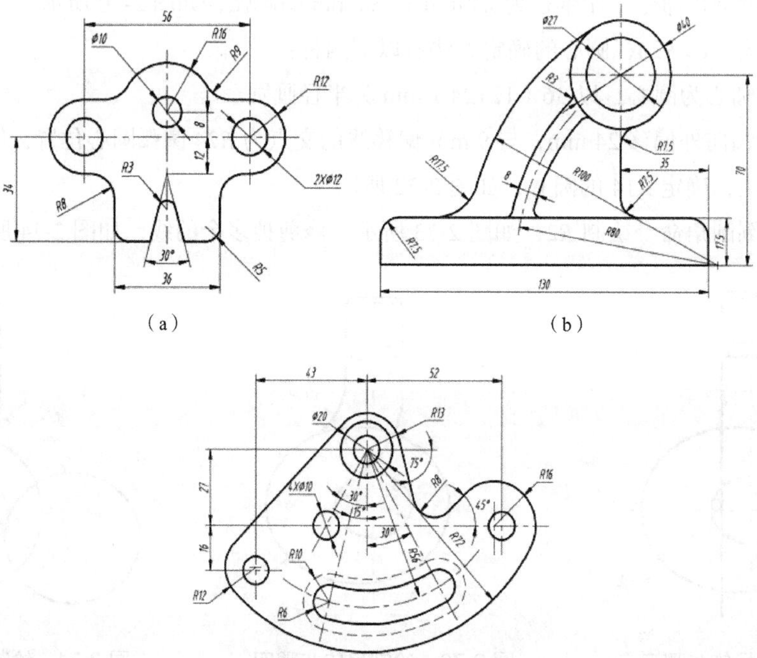

（a）　（b）　（c）

图 2-75　任务 2.5 实践操作题图

任务 2.6　绘制扳手平面图

学习目标

1. 掌握“椭圆”“椭圆弧”命令的使用方法。
2. 掌握精确绘图的一些辅助设置及绘图技巧。

职业技能要求

能够熟练使用“椭圆”“椭圆弧”命令，并能够精确绘制扳手平面图。

任务描述

绘制扳手平面图形，如图 2-76 所示。

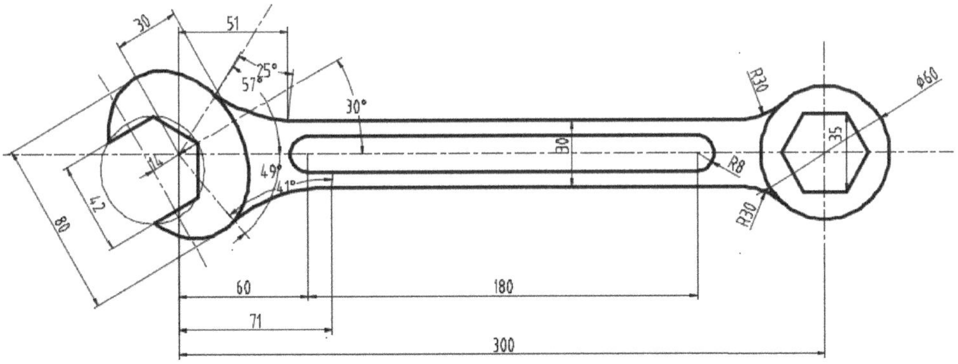

图 2-76　扳手平面图

任务分析

在图 2-76 中，该扳手左边头部为椭圆形，可用椭圆命令绘制，右边为一六方套筒，扳手的杆部为“工”字形，杆和左右头部用圆弧过渡，过渡的圆弧可以用起点、端点、角度的方式绘制，绘制的起点、端点等特殊点可以用捕捉的方式获得。

2.6.1　椭圆、椭圆弧

1. 命令

命令行：执行 ELLIPSE（缩写名：EL）命令。

菜单栏：执行“绘图”→“椭圆”（或“椭圆弧”）菜单命令。

图标：单击“绘图”工具栏中的 或 按钮。

2. 功能

画椭圆和椭圆弧。

3. 格式

命令：ELLIPSE ↙。
指定椭圆的轴端点或[圆弧（A）/中心点（C）]:（指定第一个轴端点）。
指定轴的另一个端点:（指定第二个轴端点）。
指定另一条半轴长度或[旋转（R）]:（指定第三个点）。

4. 说明

（1）使用“轴端点”方法绘制椭圆：需指定三个点的位置，即绘制出椭圆第一点和第二点为椭圆长轴的两个端点，第三点到椭圆中心的距离为短半轴的长度。

（2）使用“圆心”方法绘制椭圆：在指定第一点位置之前，选择“C”（中心点）选项，再指定三个点的位置，其含义分别是第一点为椭圆中心的位置，第二点到椭圆中心的距离为一个半轴的长度，第三点到椭圆中心的距离为另一个半轴的长度。

（3）“椭圆弧”的绘制：在指定第一点位置之前，选择“A”（圆弧）选项，按上述方法绘制出椭圆后，再指定两个点，即第四点确定起始角度，第五点确定终止角度（提示：按逆时针方向选取）。

2.6.2 极轴追踪

1. 命令

菜单栏：执行“工具”→“绘图设置”菜单命令。
图标：单击状态栏中的 按钮。
功能键：按 F10 键。

2. 功能

极轴追踪又称角度追踪，即按事先设定的角度增量来追踪点。

3. 格式及示例

右击 按钮，打开“草图设置”对话框，如图 2-77 所示。
在对话框中输入角度的增量值，即可追踪以此值为倍数的角度方向。

例如，使用极轴追踪功能，绘制一条长度为 100，与 X 轴成 33°角的直线，操作步骤如下（设置增量角为 33°，启用极轴追踪）：

（1）执行命令 LINE。

（2）指定第一点，在屏幕上任取一点。

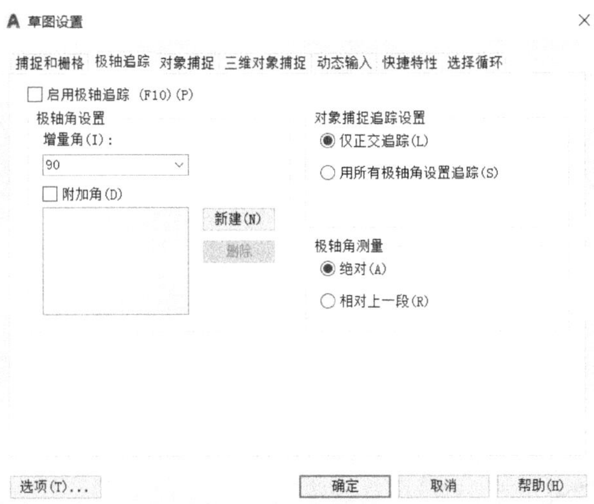

图 2-77　“草图设置”对话框

（3）指定下一点，将鼠标从前一点移出，慢慢地往上移，当移动光标接近 33°时，显示出一条虚线辅助线，并同时在光标的右下方出现追踪的矢量提示，包括距离和角度值，如图 2-78 所示。再次按回车键，绘制完成。

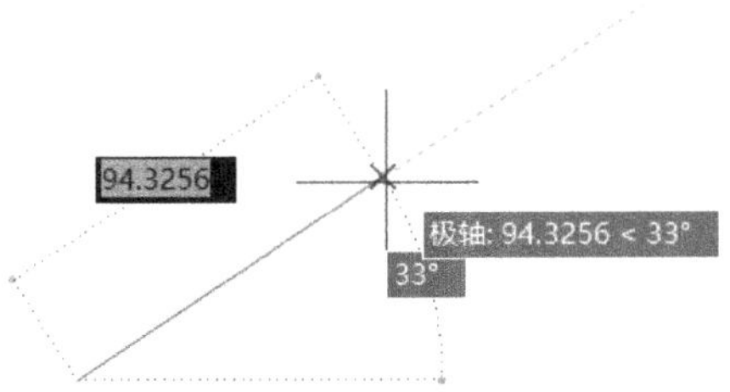

图 2-78　极轴追踪

任务实现操作

利用所学命令绘制扳手平面图。

（1）用直线命令画基准线，如图 2-79 所示。

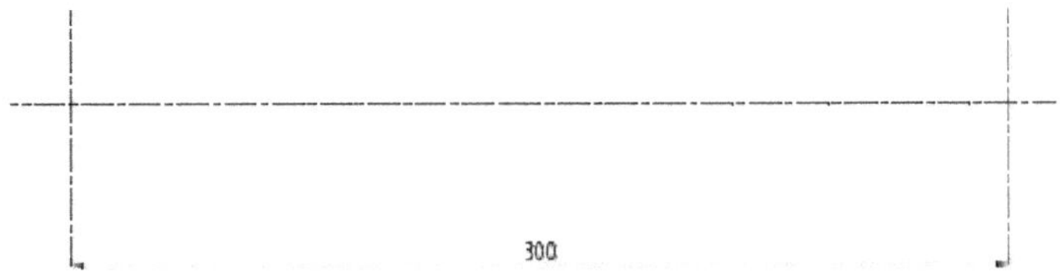

图 2-79　绘制扳手步骤一

（2）绘制左端的开口扳手外椭圆轮廓，在此注意辅助线的使用，把极轴追踪打开，绘制辅助线；并绘制右端的套筒外轮廓，利用正多边形命令绘制左端扳手开口和右端套筒的内六方，采用外切正多边形方式，半径分别为 21 mm 和 17.5 mm，如图 2-80 所示。

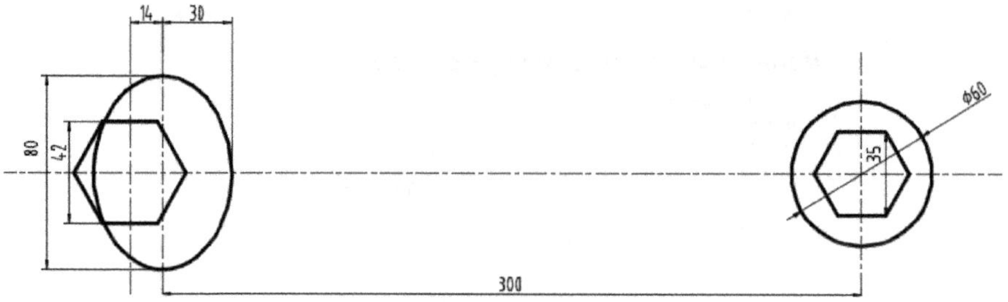

图 2-80　绘制扳手步骤二

（3）利用旋转命令把左端椭圆和内六方旋转 30°，如图 2-81 所示。

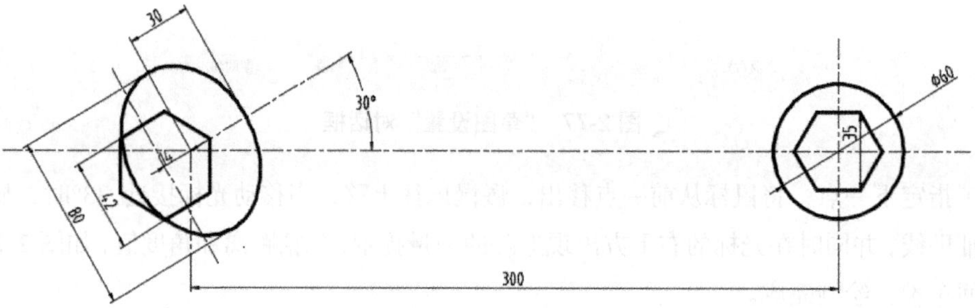

图 2-81　绘制扳手步骤三

（4）修剪左端椭圆和内六方的多余部分，如图 2-82 所示。

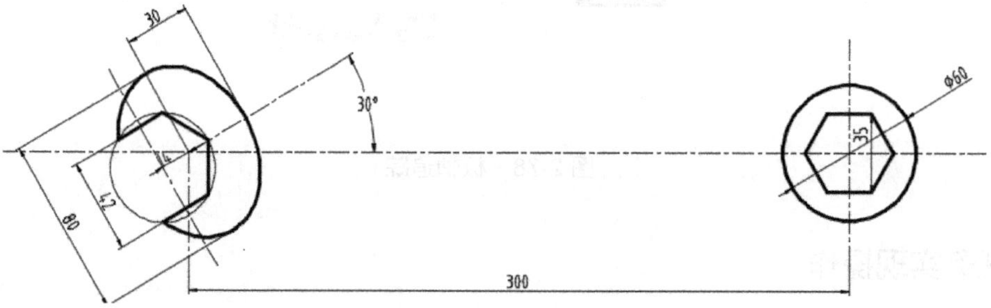

图 2-82　绘制扳手步骤四

（5）绘制手持柄中部的“工”字形特征，如图 2-83 所示。

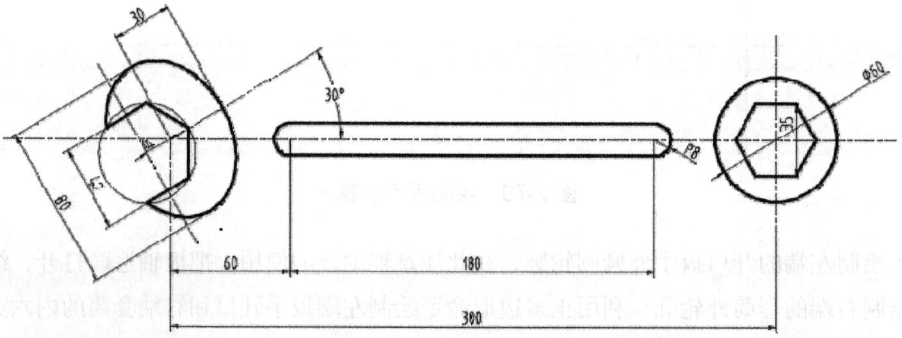

图 2-83　绘制扳手步骤五

（6）利用偏移命令绘制扳手杆身，把水平基准线向上、向下各偏移 15 mm。利用倒圆角命令绘制右侧 *R*30，如图 2-84 所示。

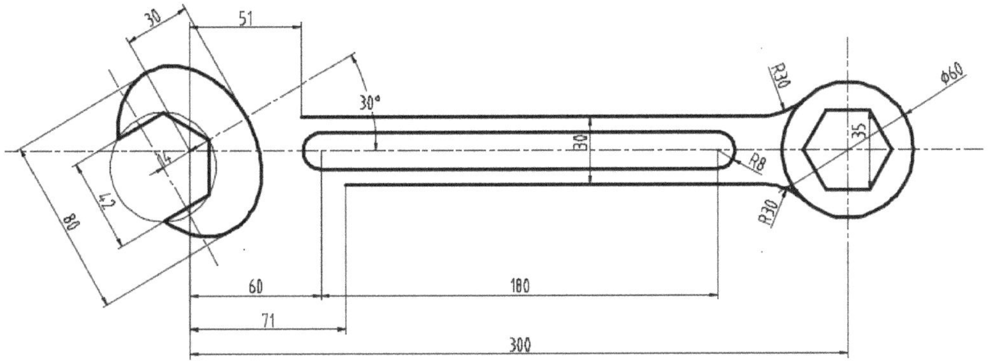

图 2-84　绘制扳手步骤六

（7）绘制 57°和 49°直线，把竖直基准线向右偏移 51 mm 和 71 mm，如图 2-85 所示。

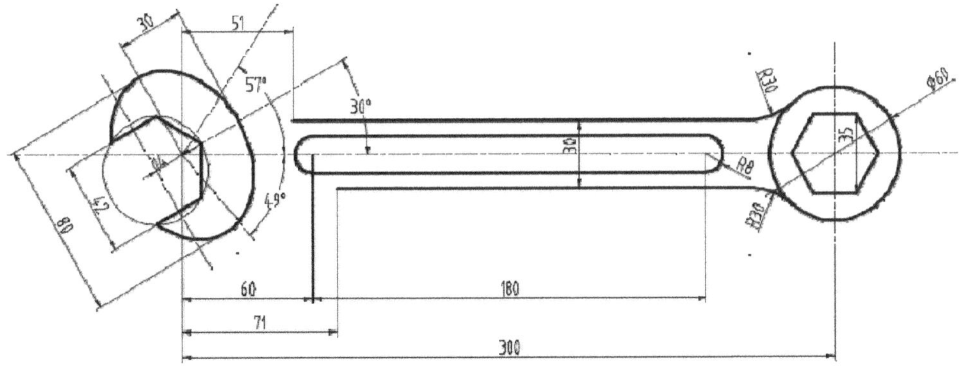

图 2-85　绘制扳手步骤七

（8）绘制圆弧连接。左端利用“圆弧”命令，采用“起点、端点、角度”方式绘制连接弧线，连接弧的起点可以用捕捉的方式获得，并利用“修剪”和“删除”命令完成图形的绘制，如图 2-86 所示。

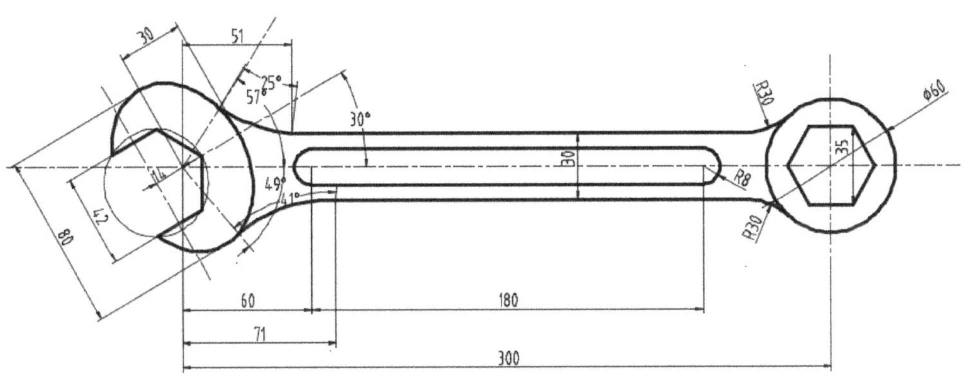

图 2-86　绘制扳手步骤八

注意：

（1）在绘制该图过程中，扳手左端和杆身的连接弧，要用圆弧的命令才能绘制出来，不能用绘制圆的“相切、相切、半径”方式。

（2）进行偏移操作时，如果不回车结束命令，再次操作仍将按设定的距离偏移选中的图形。

能力训练

1. 知识巩固

（1）椭圆有几种画法？画椭圆弧时，按什么顺序（逆时针或顺时针）选取点？

（2）如何设置极轴追踪？

（3）如何进行偏移操作？

2. 实践操作

利用本节所学知识绘制图 2-87 所示图形。

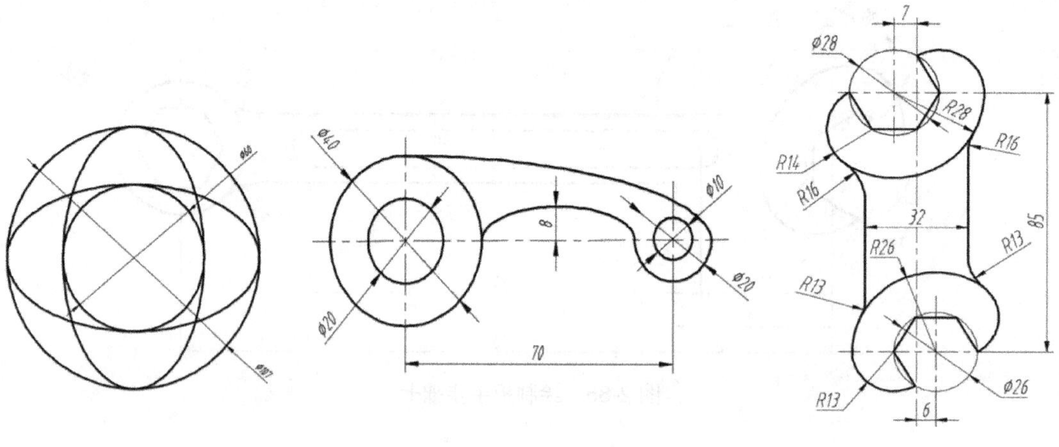

（a）　　（b）　　（c）

图 2-87　任务 2.6 实践操作题图

任务 2.7　绘制直尺

学习目标

1. 掌握“矩形”“阵列”命令的使用方法。
2. 掌握“移动”“分解与合并”的绘图技巧。

职业技能要求

能够熟练使用“矩形”“阵列”和“移动”命令，并能够精确绘制直尺平面图。

任务描述

绘制直尺平面图形，如图 2-88 所示。

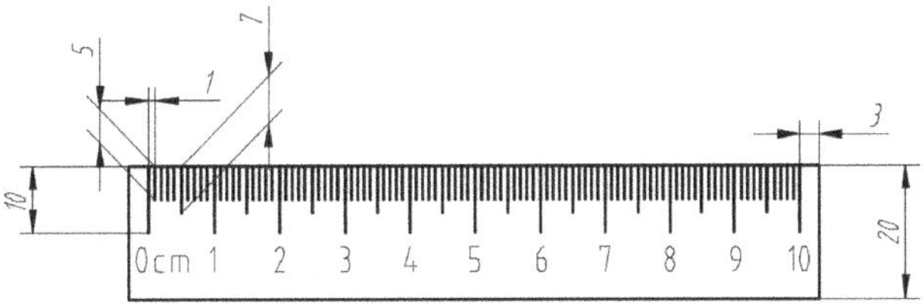

图 2-88 直尺平面图

任务分析

在图 2-88 中，先绘制矩形，然后利用“阵列”命令绘制等分格和数字，再利用“移动”命令完成绘图。

2.7.1 矩形

1. 命令

命令行：执行 RECTANG（缩写名：REC）命令。

菜单栏：执行“绘图”→ “矩形”菜单命令。

图标：单击“绘图”工具栏中的 ▭ 按钮。

2. 功能

画矩形，如图 2-89（a）所示，底边与 X 轴平行，可带倒角、圆角等。

3. 格式

命令：RECTANG ↙。

指定第一个角点或[倒角（C）/标高（E）/圆角（F）/厚度（T）/宽度（W）]:

指定另一个角点或[面积（A）/尺寸（D）/旋转（R）]:

4. 说明

（1）倒角（C）：用于指定倒角距离，绘制带倒角的矩形，如图 2-89（b）所示。

（2）标高（E）：用于指定矩形标高（*Z* 坐标），即把矩形画在标高为 *Z*，与 *XOY* 坐标面平行的平面上，并作为后续矩形的标高值。

（3）圆角（F）：用于指定圆角半径，绘制带圆角的矩形，如图 2-89（c）所示。

（4）厚度（T）：用于指定矩形的厚度。

（5）宽度（W）：用于指定线宽，如图 2-89（d）所示。

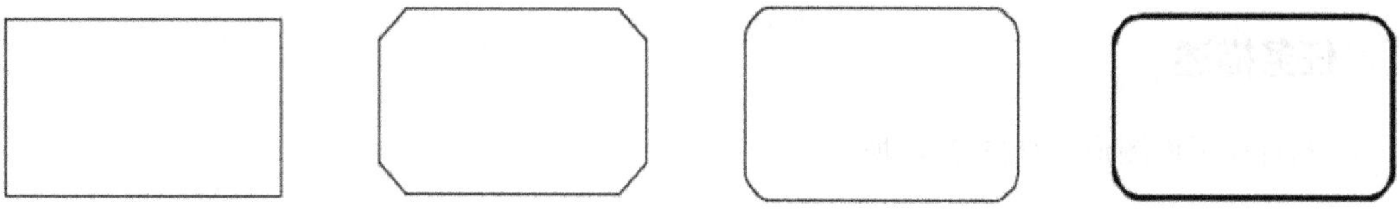

（a）　（b）　（c）　（d）

图 2-89　矩形的画法

2.7.2　阵列

1. 命令

命令行：执行 ARRAY（缩写名：AR）命令。
菜单栏：执行“修改”→“阵列”菜单命令。
图标：单击“修改”工具栏中的 按钮。

2. 功能

对选定对象做矩形或环形阵列式复制。

3. 说明

命令：ARRAY ↙。
选择对象：（选取要做阵列的目标）
选择对象：（按回车键确认，也可以继续选取目标）
输入阵列类型[矩形（R）/路径（PA）/极轴（PO）]<极轴>：
下面以图 2-90 为例说明矩形阵列命令的用法。

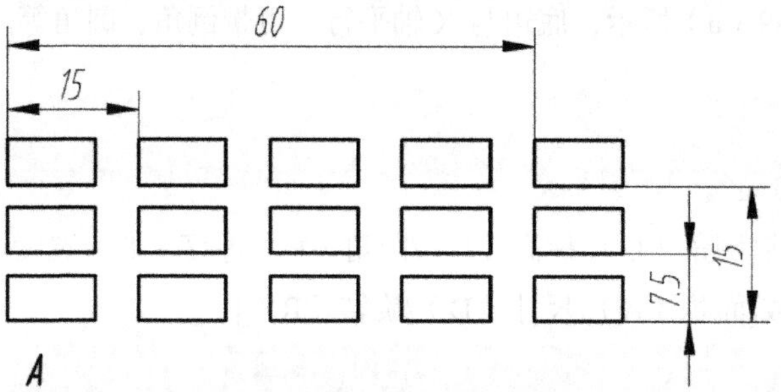

图 2-90　矩形阵列示例

（1）在“修改”组中单击“阵列”下拉按钮 阵列，在弹出的下拉列表中选择“矩形阵列”选项，如图 2-91 所示。

（2）选取要做阵列的目标 A。

（3）按 Enter 键结束选择，出现如图 2-92 所示的“阵列创建”选项卡，通过编辑选项卡中的数字，可以改变矩形阵列的参数。

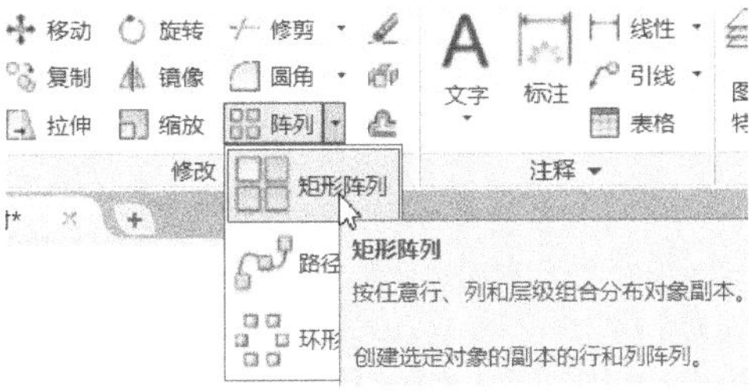

图 2-91　矩形阵列

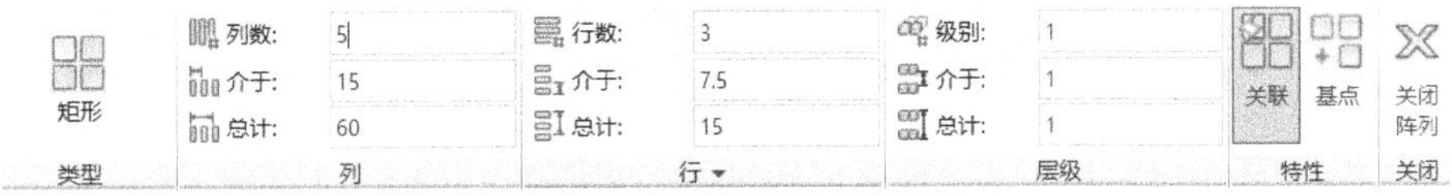

图 2-92　“阵列创建”选项卡

说明：

（1）列/行数：指定列/行数（5/3）。

（2）介于：指定列/行间距（15/7.5）。

（3）总计：指定第一列/行到最后一列/行之间的总距离（60/15）。

下面以图 2-93 为例说明路径阵列命令的用法。

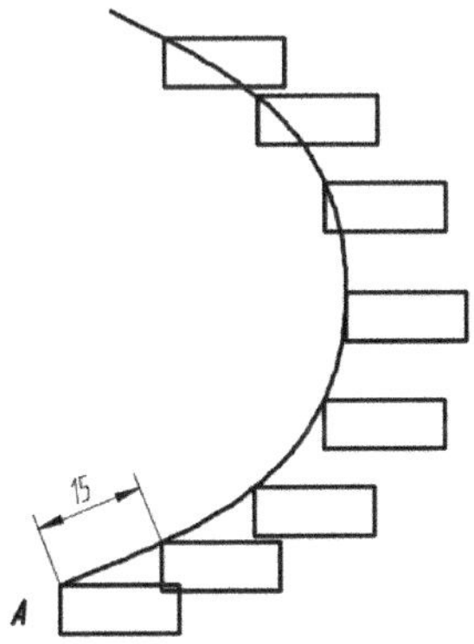

图 2-93　路径阵列示例

（1）在“修改”组中单击“阵列”下拉按钮，在弹出的下拉列表中选择“路径阵列”选项，如图 2-94 所示。

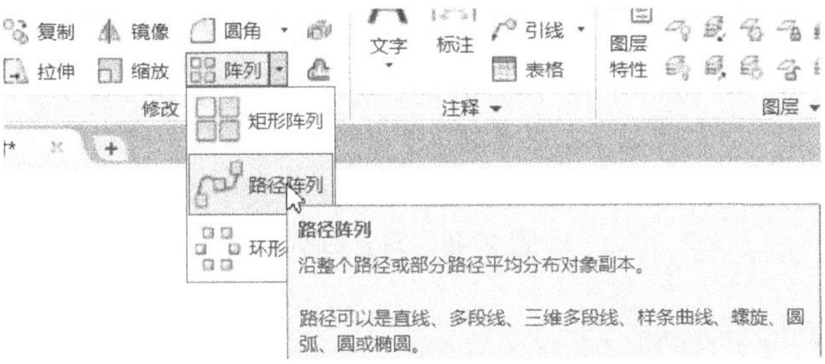

图 2-94　路径阵列

（2）选取要做阵列的目标 A。

（3）按 Enter 键结束选择，出现如图 2-95 所示的选项卡，通过编辑选项卡中的数字，可以改变路径阵列的参数。

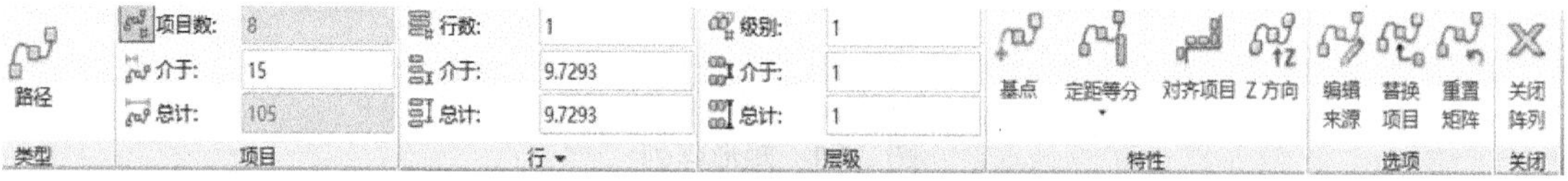

图 2-95　改变路径阵列的参数

说明：

（1）项目数：指定项目数，允许从路径曲线的长度和项目间距自动计算项目数（8）。

（2）介于：指定相间距（15）。

（3）总计：指定第一项到最后一项之间的总距离（105）。

（4）对齐项目：指定是否对齐每个项目与路径方向相切。对齐相对于第一个项目的方向。

下面以图 2-96 和图 2-97 为例说明极轴（环形）阵列命令的用法。

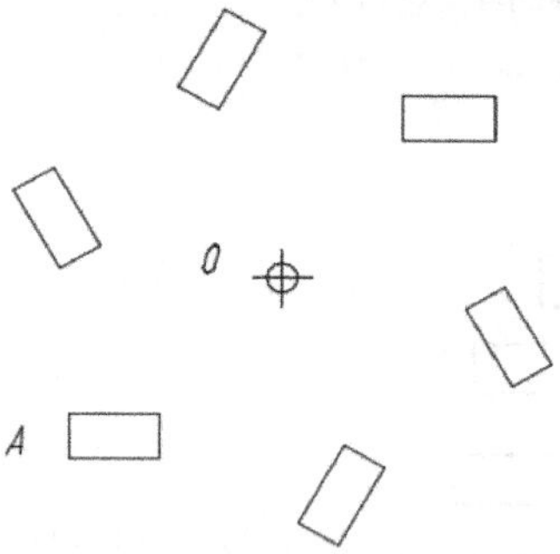

图 2-96　环形阵列（旋转）示例

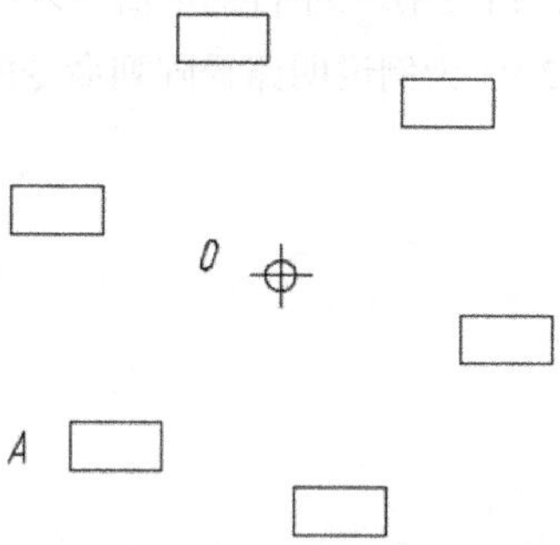

图 2-97　环形阵列（不旋转）示例

（1）在“修改”组中单击“阵列”下拉按钮，在弹出的下拉列表中选择“环形阵列”选项，如图 2-98 所示。

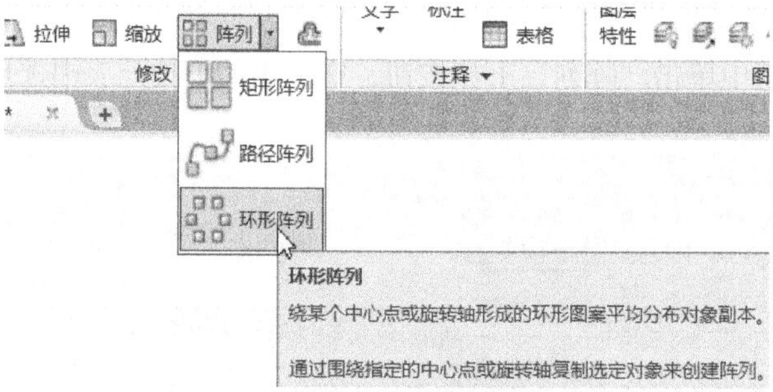

图 2-98　环形阵列

（2）选取要做阵列的目标 A。

（3）按 Enter 键结束选择。

（4）指定阵列的中心点或基点、旋转轴（A）。选择点 O，出现如图 2-99 所示的“阵列创建”选项卡，通过编辑选项卡中的数字，可以改变环形阵列的参数）

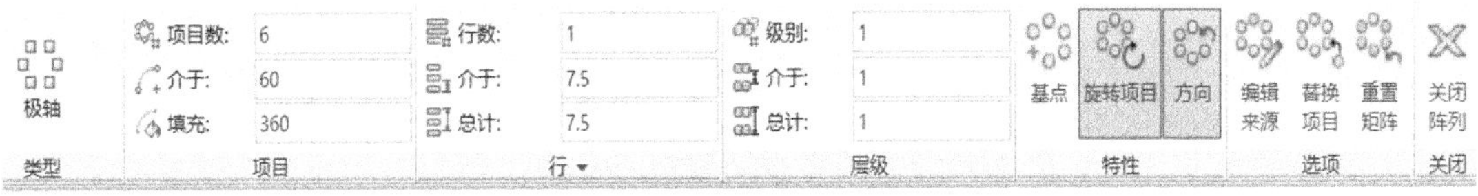

图 2-99　改变环形阵列的参数

说明：

（1）项目数：指定项目数，包括源对象（6）。

（2）介于：项目间的角度，指定项目间的角度（60）。

（3）填充：填充角度，指定阵列中第一项和最后一项之间的角度（360）。

（4）旋转项目：控制在阵列项时是否旋转项。

2.7.3　移动

1. 命令

命令行：执行 MOVE（缩写名：M）命令。

菜单栏：执行“修改”→“移动”菜单命令。

图标：单击“修改”工具栏中的 ✥ 按钮。

2. 功能

将指定的对象移动到新的位置。

3. 格式

命令：MOVE ↙

选择对象：

指定基点或[位移（D）] ＜位移＞：

指定第二个点或＜使用第一个点作为位移＞：

4. 说明

（1）MOVE 命令的操作和 COPY 命令类似，但它是移动对象而不是复制对象。

（2）在进行移动操作时，如对提示“指定第二个点：”用回车响应，则系统认为基点的坐标矢量是位移点。

下面以图 2-100 为例说明移动命令以指定点的方法移动目标的用法：

（1）执行命令 MOVE ↙。

（2）选中目标圆形。

（3）单击 A 点指定基点。

（4）单击 B 点指定第二个点。

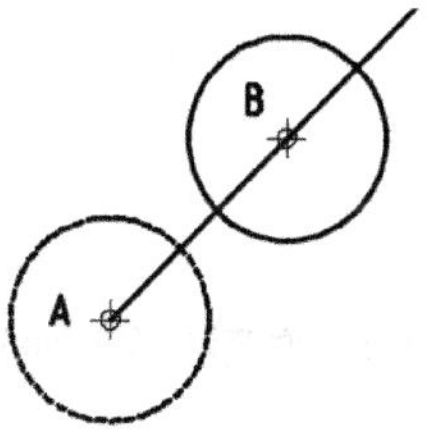

图 2-100　以指定点的方法来移动一个目标

图 2-101 是用位移增量的方法来移动一个图形目标的示例，具体操作如下：

（1）执行命令 MOVE。

（2）选中目标圆形。

（3）单击 A 点指定基点。

（4）输入@50<30 指定第二个点。

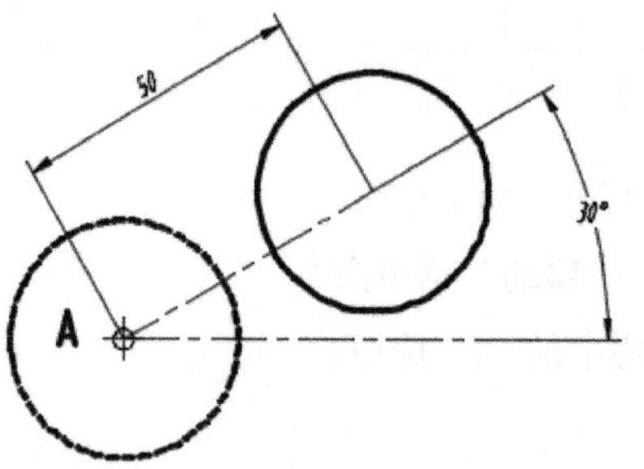

图 2-101　用位移增量的方法来移动一个目标

2.7.4　分解与合并

1. 分解

1）命令

命令行：执行 EXPLODE（缩写名：X）命令。

菜单栏：执行“修改”→“分解”菜单命令。

图标：单击“修改”工具栏中的 按钮。

2）功能

用于将复杂对象（如多行文字、多段线、图案填充、三维实体等）分解为其下一级组成对象。

3）格式

命令：EXPLODE ↙

选择对象：（选择要分解的对象，按回车键确认）。

4）说明

对于不同的分解对象，其分解后的效果不同。

（1）多行文字：分解为单行文字。

（2）二维多段线：分解后拆成为直线段或圆弧段，丢失相应的宽度和切线方向信息，对于宽多段线，分解后的直线段或圆弧段位于其中心线位置。

（3）尺寸：分解为多行文字、直线、图案填充和点。

（4）图案填充：分解为组成图案的直线。

（5）三维实体：分解为面。

2. 合并

1）命令

命令行：执行 JOIN（缩写名：J）命令。

菜单栏：执行“修改”→“合并”菜单命令。

图标：单击“修改”工具栏中的 →← 按钮。

2）功能

将图形上某一连续的两条线段连接成一个对象或者将某段圆弧闭合成整圆。

3）格式

命令：JOIN ↙

选择源对象或要一次合并的多个对象：（选择一条直线、多段线、圆弧、椭圆弧或样条曲线）。

选择要合并的对象：（选择一条直线、多段线、圆弧、椭圆弧或样条曲线，按回车键确认）。

4）说明

根据选定的源对象、系统的提示和分解后的效果不同，合并对象的要求也不同。

（1）直线：直线对象必须共线（位于同一无限长的直线上），但是它们之间可以有间隙，如图 2-102 所示。

图 2-102　直线合并

（2）多段线：对象可以是直线、多段线或圆弧，但对象之间不能有间隙，并且必须位于与 UCS 的 *XY* 平面平行的同一平面上，如图 2-103 所示。

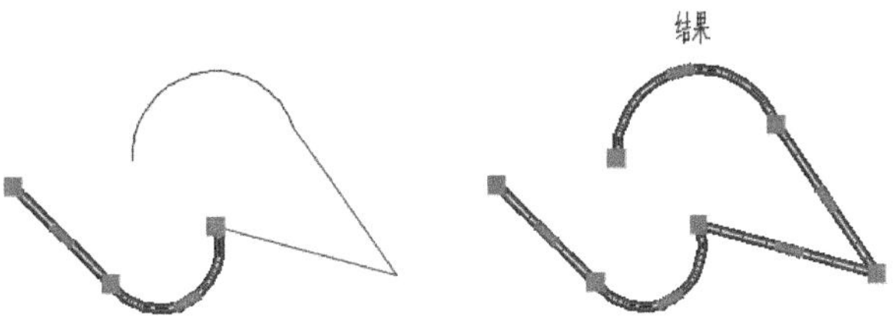

（a）　（b）

图 2-103　多段线合并

（3）圆弧：圆弧对象必须位于同一假想的圆上，但是它们之间可以有间隙；可以直接将源圆弧转换成圆；合并两条或多条圆弧时，将从源对象开始按逆时针方向合并圆弧，如图 2-104 所示。

（4）椭圆弧：椭圆弧必须位于同一椭圆上，但是它们之间可以有间隙；可以直接将源椭圆弧闭合成完整的椭圆；合并两条或多条椭圆弧时，将从源对象开始按逆时针方向合并椭圆弧，如图 2-105 所示。

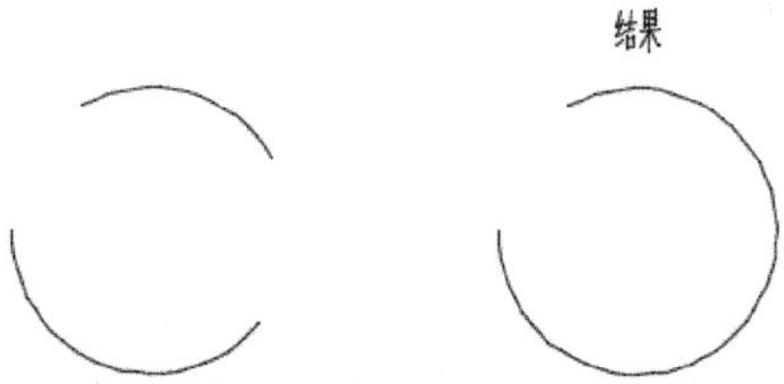

（a）（b）

图 2-104 圆弧合并

（a）（b）

图 2-105 椭圆弧合并

（5）样条曲线：样条曲线对象必须位于同一平面内，并且必须首尾相邻（端点到端点放置），如图 2-106 所示。

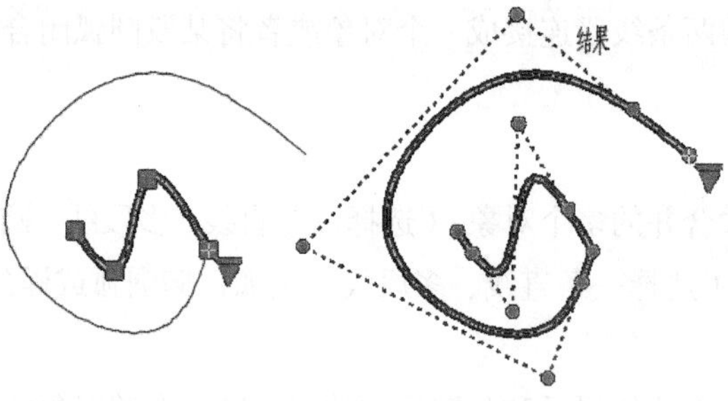

（a）（b）

图 2-106 样条曲线合并

任务实现操作

利用所学命令绘制直尺平面图。

（1）用矩形命令绘制矩形（106,20），再画三条竖直线，长度分别为 5 mm、7 mm 和 10 mm，如图 2-107 所示。

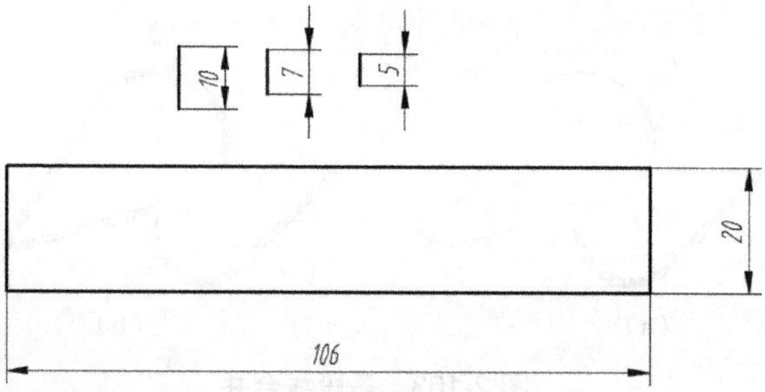

图 2-107 绘制直尺步骤一

（2）将 5 mm 竖直线进行阵列，参数如图 2-108 所示，效果如图 2-109 所示，然后把 7 mm 和 10 mm 竖直线以指定点的方法移动到相应位置，1 cm 直尺做成，如图 2-110 所示。

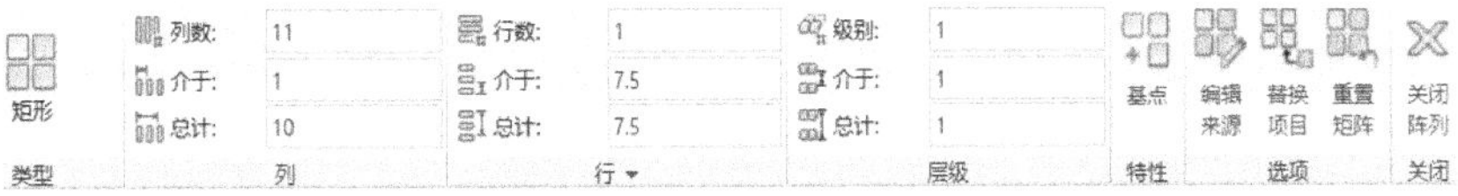

图 2-108　矩形阵列参数 1

图 2-109　绘制直尺步骤二

图 2-110　绘制直尺步骤三

（3）把 1 cm 直尺进行阵列，参数如图 2-111 所示，10 cm 直尺完成，如图 2-112 所示。

（4）把 10 cm 直尺用位移增量的方法移动到相应位置，用多行文字写 0（简单介绍，后面章节详细讲解），如图 2-113 所示。

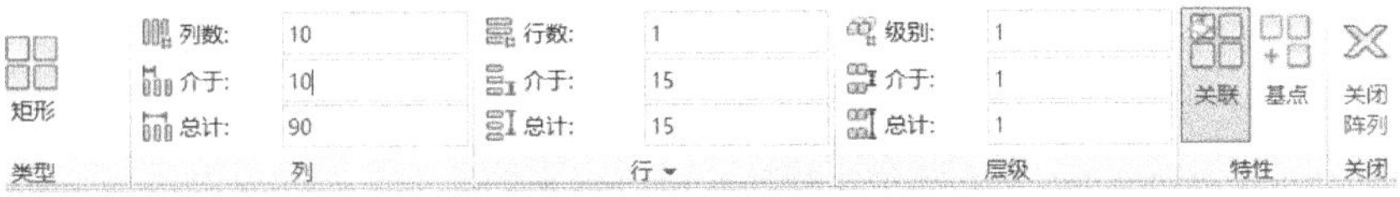

图 2-111　矩形阵列参数 2

图 2-112　绘制直尺步骤四

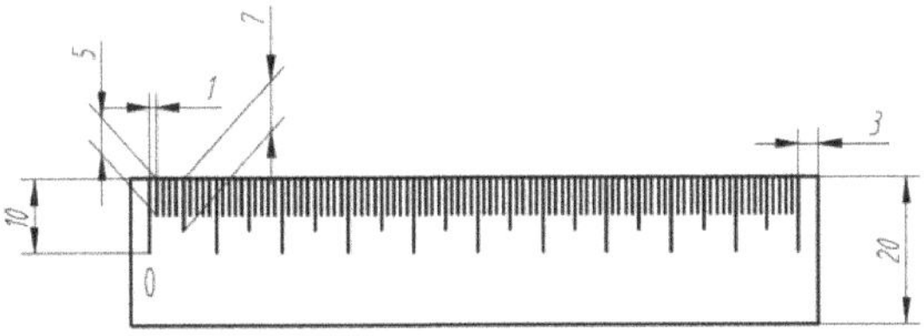

图 2-113　绘制直尺步骤五

（5）用阵列命令将多行文字 0 阵列 10 个，如图 2-114 所示。

（6）双击多行文字 0，进行修改，如图 2-115 所示。

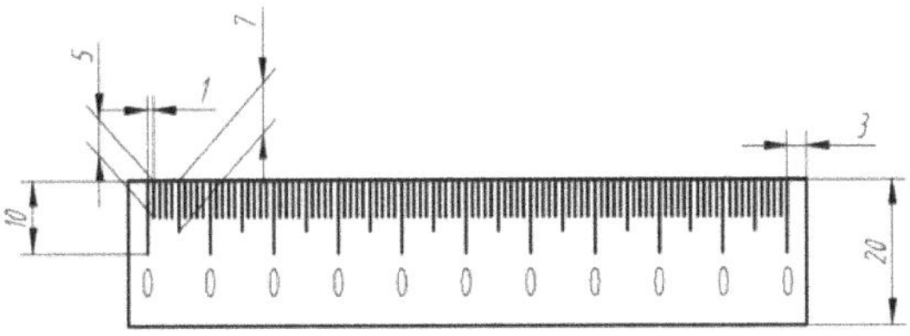

图 2-114　绘制直尺步骤六

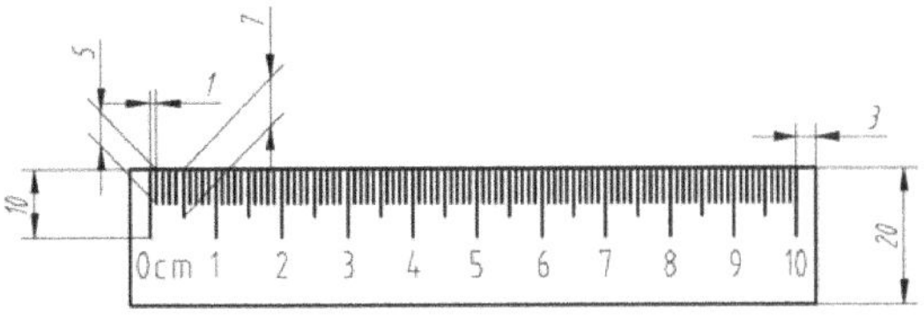

图 2-115　绘制直尺步骤七

能力训练

1. 知识巩固

（1）矩形的画法有几种，分别用这几种画法画的矩形有什么区别？

（2）阵列的操作方式有几种，进行这几种阵列时应该注意什么问题？

2. 实践操作

（1）利用本节所学知识将左侧图形编辑成右侧图形，如图 2-116 所示。

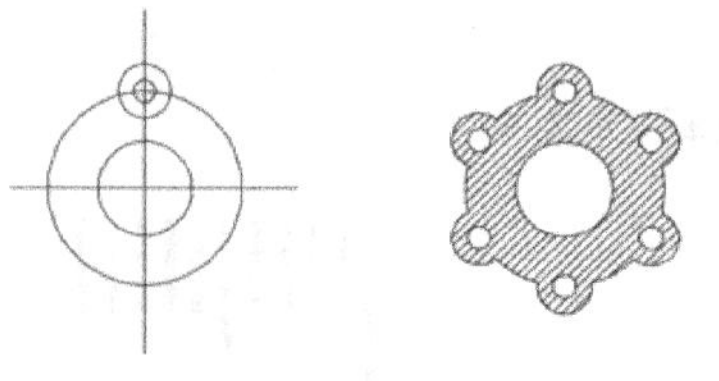

（a）

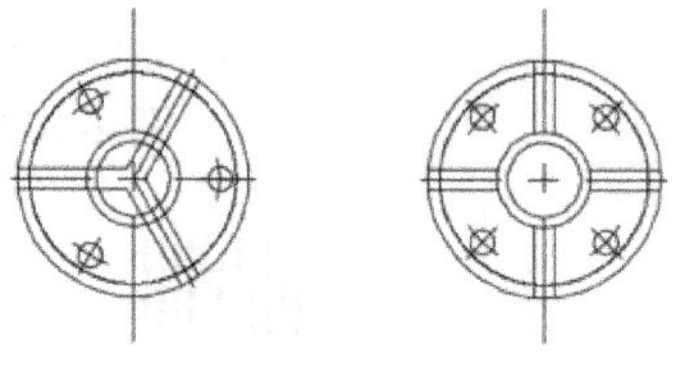

（b）

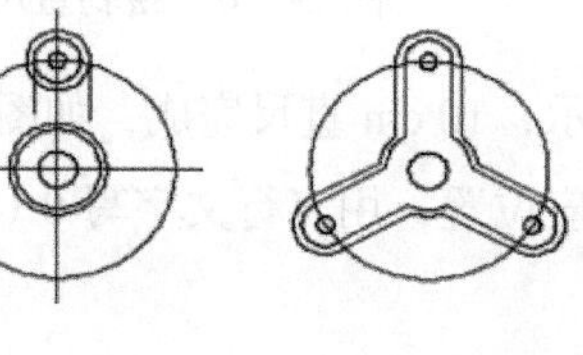

（c）

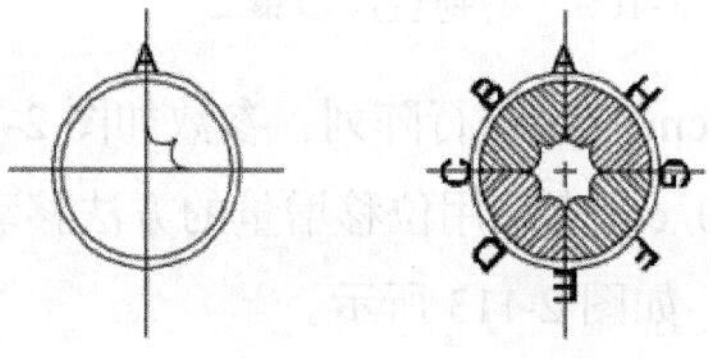

（d）

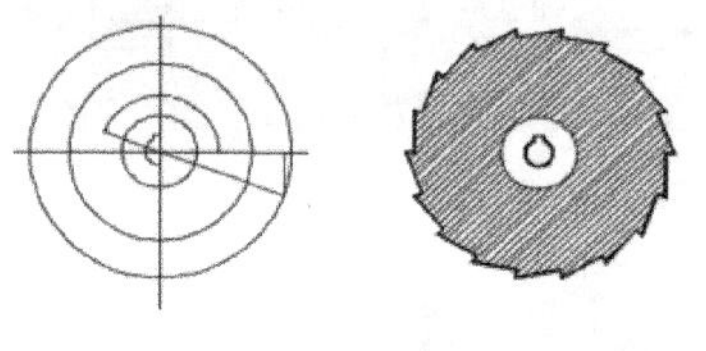

（e）

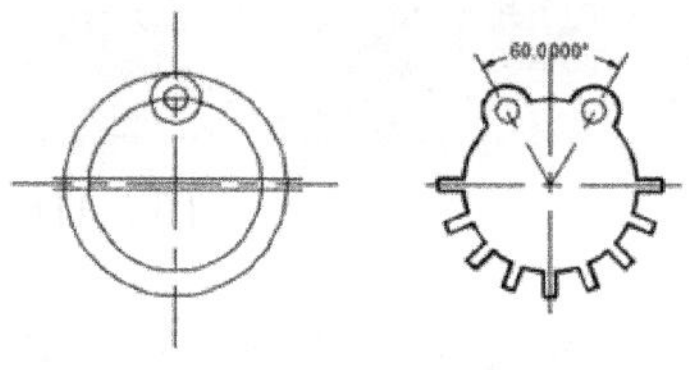

（f）

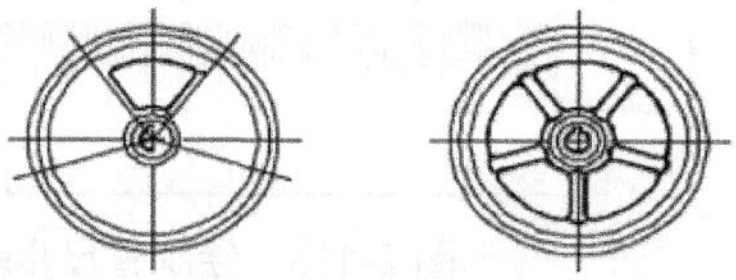

（g）

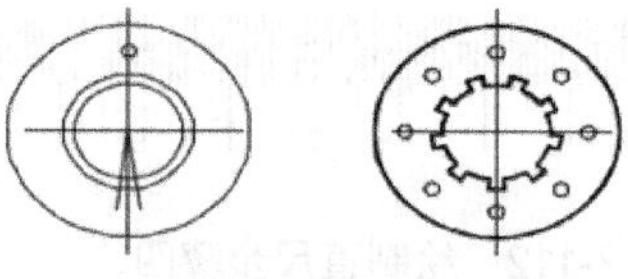

（h）

图 2-116　任务 2.7 实践操作题图 1

（2）利用本节所学知识绘制图 2-117 所示图形。

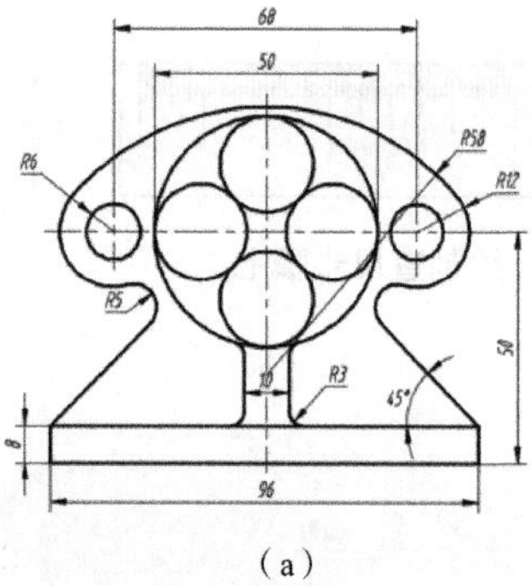

（a）

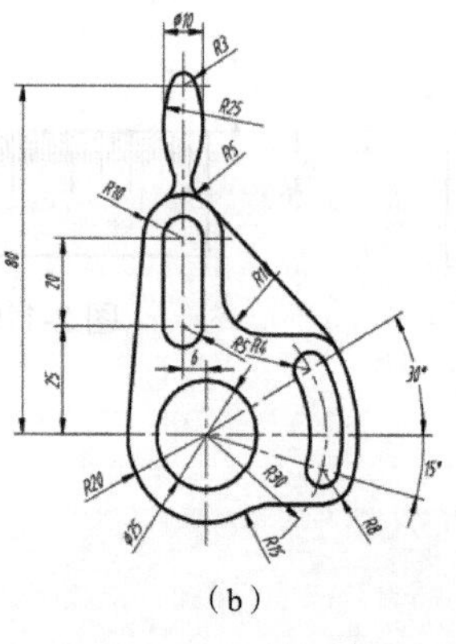

（b）

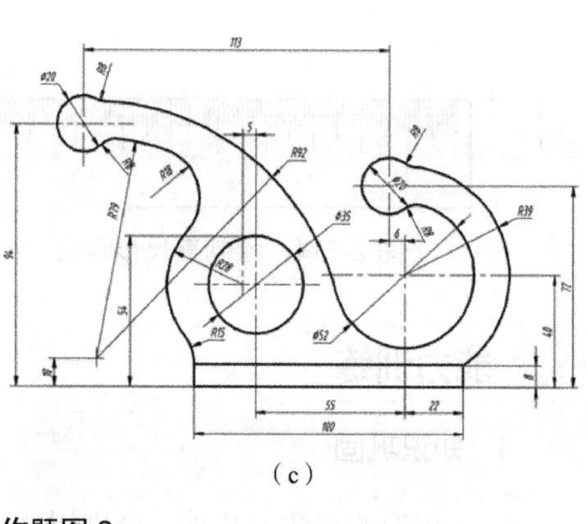

（c）

图 2-117　任务 2.7 实践操作题图 2

任务 2.8　绘制螺栓平面图

学习目标

掌握“拉伸”“拉长”和“缩放”命令的使用方法。

职业技能要求

能够熟练掌握“拉伸”“拉长”和“缩放”命令的使用方法及技巧，并能够独立完成螺栓的绘制。

任务描述

完成螺栓的绘制，并拉伸至下边界，螺栓按 M10 的规格绘制，如图 2-118 所示。

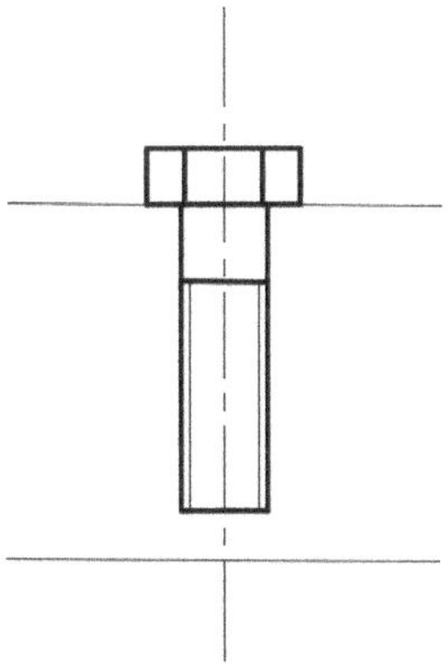

图 2-118　绘制螺栓

任务分析

螺栓的绘制可以通过“直线”和“偏移”命令完成大体轮廓的绘制，然后用倒角命令给螺栓倒角。当被连接件厚度发生变化时，可以通过拉伸螺栓的方式使螺栓的长度增长，完成新螺栓的绘制。

2.8.1　拉伸

1. 命令

命令行：执行 STRETCH（缩写名：S）命令。

菜单栏：执行“修改”→“拉伸”菜单命令。

图标：单击“修改”工具栏中的 按钮。

2. 功能

拉伸或移动选定的对象，该命令必须用窗交方式或圈交方式选取要拉伸对象的端点，端点完全位于窗内或圈内的对象将发生移动（与 MOVE 命令相同），与窗口相交的对象将产生拉伸或压缩变化，同时保持与图形中不动部分（窗口外的部分对象）相连接。

3. 格式及示例

命令：STRETCH ↙。
以交叉窗口或交叉多边形选择要拉伸的对象…
选择对象：[用 C 或 CP 方式选取对象，如图 2-122（a）所示]。
指定第一个角点：（1 点）。
指定对角点：（2 点）。
选择对象：（按 Enter 键）。
指定基点或[位移（D）]<位移>：（用交点捕捉，拾取 A 点）。
指定第二个点或<使用第一个点作为位移>：[拾取 B 点，拉伸结果如图 2-119（b）所示]。

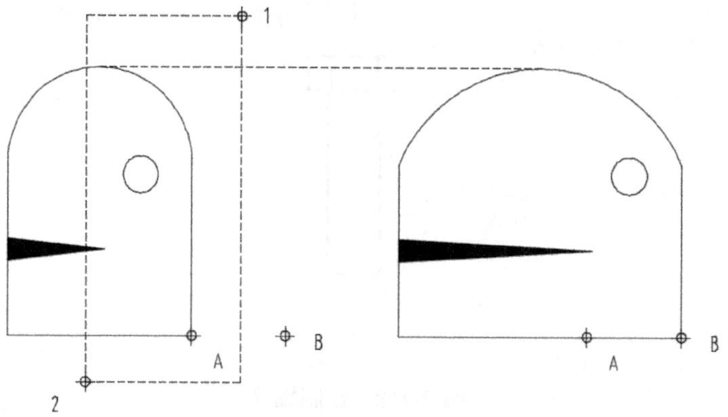

图 2-119　拉伸示例

4. 说明

（1）对于直线段的拉伸，在指定拉伸区域窗口时，应使得直线的一个端点在窗口之外，另一个端点在窗口之内。拉伸时，窗口外的端点不动，窗口内的端点移动，从而使直线做拉伸变动。若两个端点都选择在内，则效果为移动直线。

（2）对于圆弧段的拉伸，在指定拉伸区域窗口时，应使得圆弧的一个端点在窗口之外，另一个端点在窗口之内。拉伸时，窗口外的端点不动，窗口内的端点移动，从而使圆弧做拉伸变动，圆弧的弦高保持不变。

（3）对于多段线的拉伸，按组成多段线的各分段直线和圆弧的拉伸规则执行。在变形过程中，多段线的宽度、切线和曲线拟合等有关信息保持不变。

（4）对于圆或文本的拉伸，若圆心或文本基准点在拉伸区域窗口之外，则拉伸后的圆或文本仍保持原位不动；若圆心或文本基准点在窗口之内，则拉伸后的圆或文本将移动。

2.8.2　拉长

1. 命令

命令行：执行 LENGTHEN（缩写名：LEN）命令。

菜单栏：执行“修改”→“拉长”菜单命令。

图标：单击“修改”工具栏中的 按钮。

2. 功能

拉长或缩短直线段、圆弧段，圆弧段用圆心角控制，如图 2-120（b）所示。

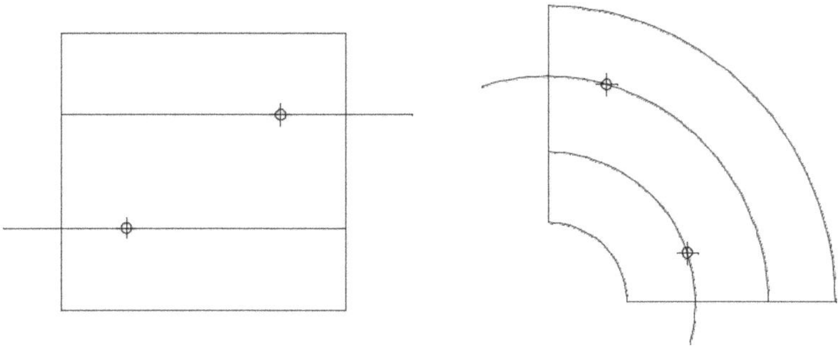

（a）　　　　（b）

图 2-120　拉长

（a）直线的拉长；（b）圆弧的拉长

3. 格式

命令：LENGTHEN ↙。

选择要测量的对象或[增量（DE）/百分比（P）/总计（T）/动态（DY）]:

4. 说明

（1）选择对象：选择直线或圆弧后，分别显示直线的长度或圆弧的弧长和包含角。

（2）增量（DE）：用增量控制直线、圆弧的拉长或缩短。正值为拉长量，负值为缩短量。可连续选择直线段或圆弧段，使之沿拾取端伸缩，按 Enter 键结束。

（3）百分比（P）：用原值的百分数控制直线段、圆弧段的伸缩。

（4）总计（T）：用总长、总张角控制直线段、圆弧段的伸缩。

（5）动态（DY）：进入拖动模式，可拖动直线段、圆弧段一端进行拉长或缩短。

2.8.3　缩放

1. 命令

命令行：执行 SCALE（缩写名：SC）命令。

菜单栏：执行“修改”→“比例”菜单命令。

图标：单击“修改”工具栏中的 按钮。

2. 功能

将选定的对象按指定中心进行比例缩放。

3. 格式

命令：SCALE ↙。

选择对象：（选取要做比例缩放的目标）。

选择对象：（按 Enter 键确认，也可以继续选取目标）。

指定基点：（确定基点）。

指定比例因子或[复制（C）/参照（R）]：

4. 说明

（1）比例因子：若直接输入一个比例因子，即执行默认项，AutoCAD 2018 将把所选的目标按比例因子相对于基点进行缩放。其中，比例因子大于 1 时，对目标进行放大；比例因子小于 1 时，对目标进行缩小。

（2）复制（C）：创建要缩放的选定对象副本。

（3）参照（R）：将所选的目标按参照的方式缩放。输入“R”并按 Enter 键，提示如下：

指定参考长度<1.0000>：（输入参考长度值）。

指定新的长度或[点（P）]<1.0000>：（输入新的长度值）。

此时，AutoCAD 2018 会根据参考长度值与新长度值自动计算缩放系数，然后进行缩放操作。

下面以图 2-121 为例，说明比例命令的用法。

命令：SCALE ↙。

选择对象：（选取三角形）。

选择对象：（按 Enter 键确认）。

指定基点：（单击 A 点）。

指定比例因子或[复制（C）/参照（R）]：（3，缩放比例）。

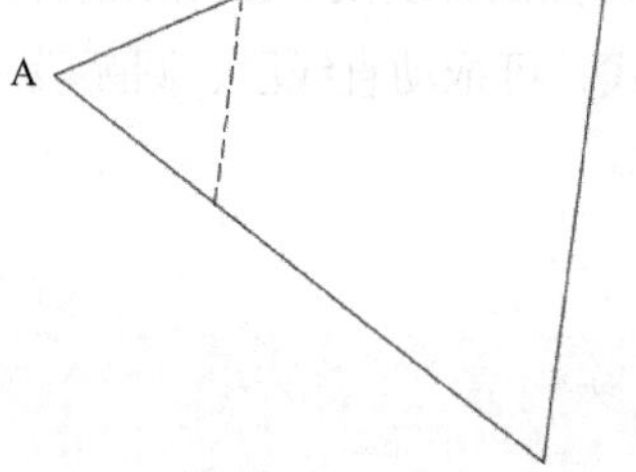

图 2-121　按比例缩放目标

任务实现操作

利用所学命令绘制螺栓平面图。

（1）绘制被连接件基准线，如图 2-122 所示。

（2）绘制螺栓的头部，如图 2-123 所示。

（3）绘制螺栓杆部，如图 2-124 所示。

（4）绘制螺栓螺纹线，如图 2-125 所示。

（5）拉伸螺栓到下边界处，如图 2-126 所示。

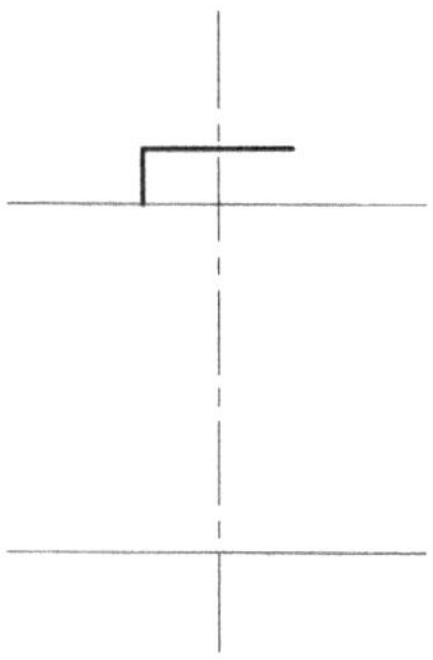

图 2-122　绘制基准线

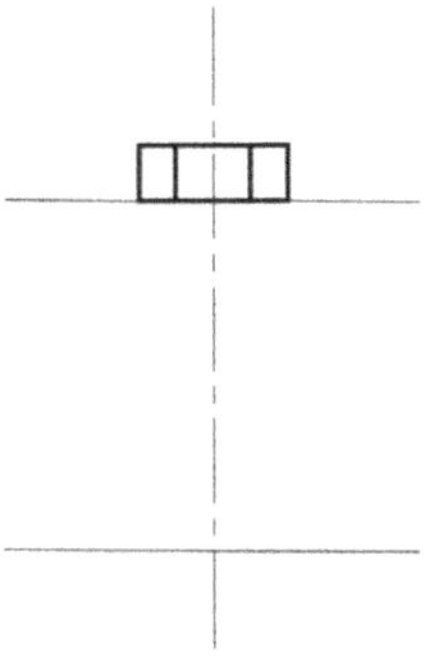

图 2-123　绘制螺栓头部

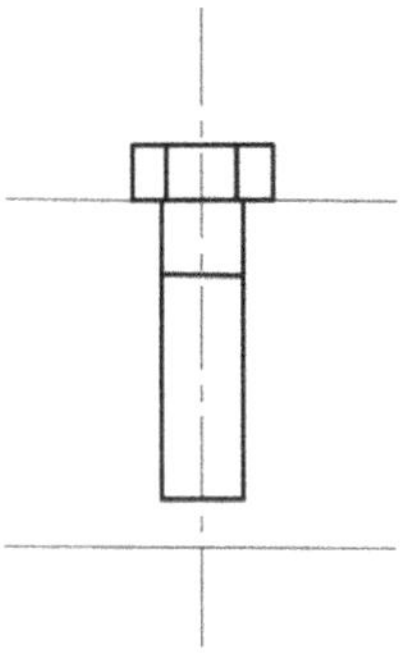

图 2-124　绘制螺栓杆部

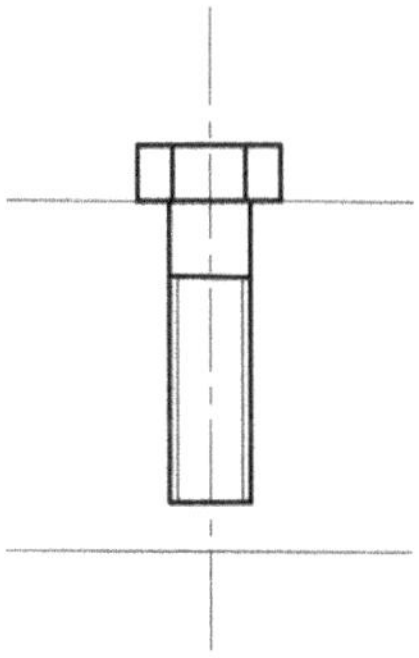

图 2-125　绘制螺栓螺纹线

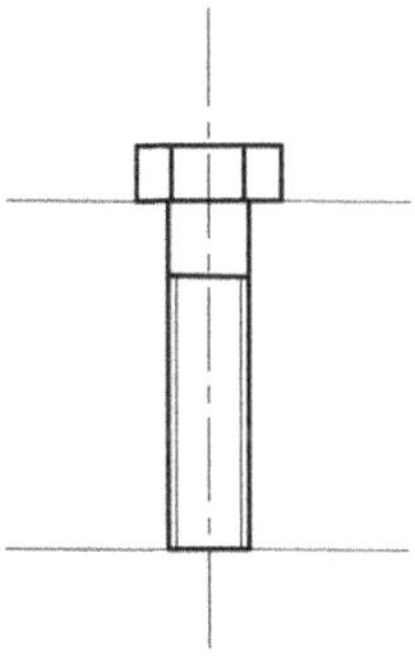

图 2-126　拉伸图形

注意：

使用拉伸命令时，必须用交叉多边形或交叉窗口的方式来选择对象。可用于“拉伸”命令的对象包括圆弧、椭圆弧、直线、多段线线段、射线和样条曲线等，不修改三维实体、多段线宽度、切向或者曲线拟合的信息。在进行不等距倒角时，在点选需要倒角的边时，一定要注意顺序。

能力训练

1. 知识巩固

（1）拉伸和拉长有什么区别？

（2）缩放时，比例因子大于 1 和小于 1 分别代表什么含义？

2. 实践操作

利用本节所学知识绘制如图 2-127 所示图形。

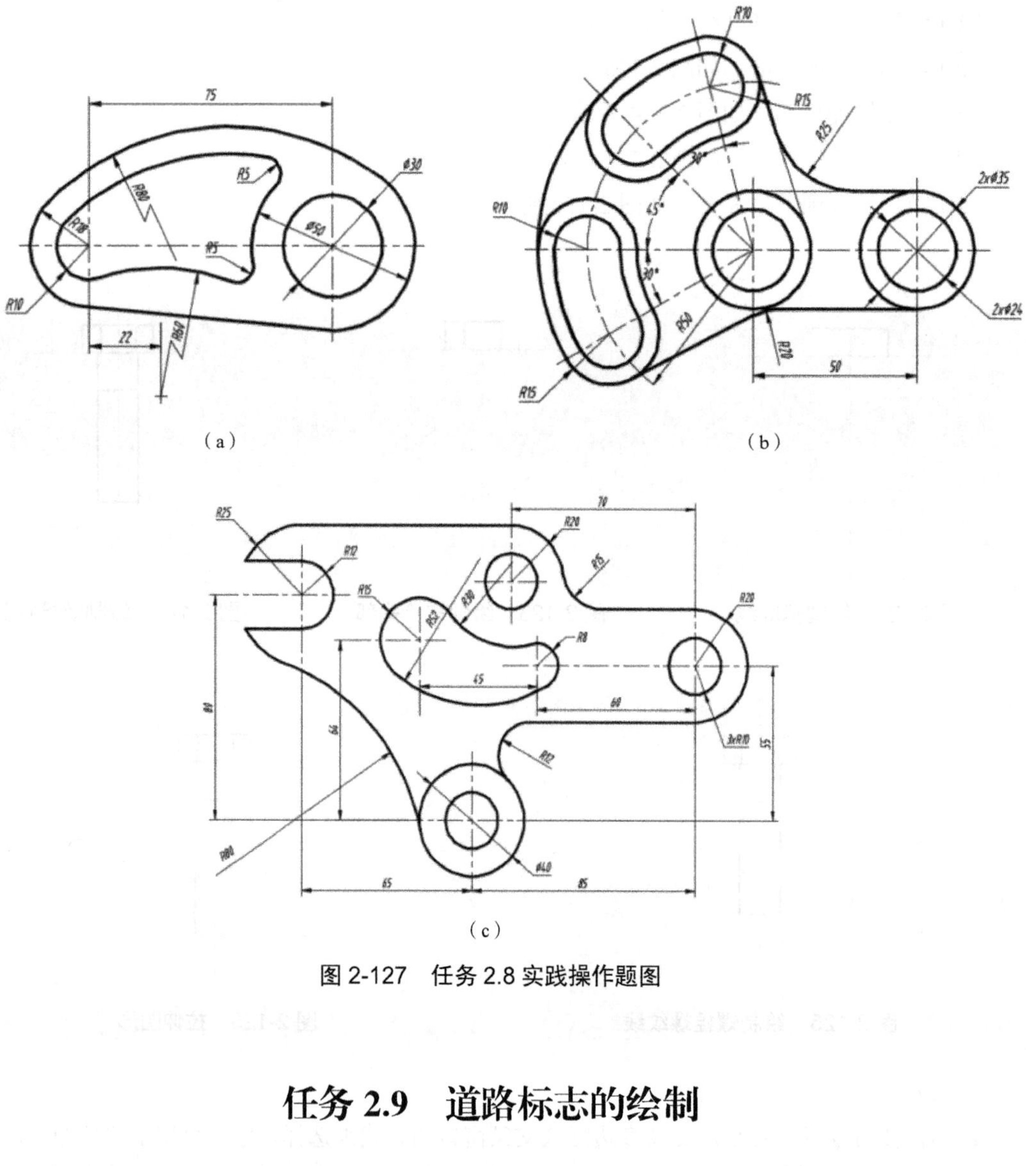

（a）　　（b）

（c）

图 2-127　任务 2.8 实践操作题图

任务 2.9　道路标志的绘制

学习目标

1. 掌握“多段线”“构造线”和“射线”命令的使用方法。
2. 掌握编辑“多段线”命令的使用方法。

职业技能要求

能够熟练掌握“多段线”和“编辑多段线”命令的使用方法及技巧。

任务描述

完成图 2-128 所示图形。

图 2-128　绘制路标

任务分析

该图形为禁止机动车掉头路标，其绘制可以通过多段线命令完成，尤其是标志的箭头部分，线型的宽度发生了变化，用多段线命令能很容易绘制出来。

必备知识

多段线是作为单个对象创建的相互连接的序列线段，可以创建直线段、弧线段或两者的组合线段。正如已经学到的一些 AutoCAD 对象，如矩形和多边形，它们是被看作多段线对象创建的。可以用任何线型样式绘制多段线。与其他对象（如单独的直线、圆弧和圆）不同的是，多段线既可以具有固定不变的宽度，也可以在长度范围内使任意线段逐渐变细或变粗。

2.9.1　多段线

1. 命令

命令行：执行 PLINE（缩写名：PL）命令。
菜单栏：执行“绘图”→“多段线”菜单命令。
图标：单击“绘图”工具栏中的  按钮。

2. 功能

可用于画多段线、粗实线、箭头等，多段线可以由直线段、圆弧段组成，是一个组合对象。可以定义线宽，每段起点、端点宽度可变。

3. 格式

命令：PLINE ↙。
指定起点：（给出起点）。

当前线宽为 0.0000。

指定下一个点或[圆弧（A）/半宽（H）/长度（L）/放弃（U）/宽度（W）]:（给出下一点或输入选项字母）。

4. 说明

（1）指定下一个点：指定下一个点，默认绘制直线。

（2）圆弧（A）：选择该选项，则系统以当前线宽绘制圆弧，并出现新的提示，命令行提示如下：

指定圆弧的端点或[角度（A）/圆心（CE）/关闭（CL）/方向（D）/半宽（H）/直线（L）/半径（R）/第二个点（S）/放弃（U）/宽度（W）]：

命令行提示各项含义如表 2-3 所示。

①半宽（H）：指定从多段线线段的中心到其一边的宽度。

②长度（L）：在与上一线段相同的角度方向上绘制指定长度的直线段。

③放弃（U）：删除最近一次添加到多段线上的直线段。

④宽度（W）：指定下一条直线段的宽度。

表 2-3　多段线命令各选项含义

命令	含义
指定圆弧的端点	绘制弧线段。弧线段与多段线的上一段相切
角度(A)	指定弧线段从起点开始的包含角，输入正数将按逆时针方向创建线段，输入负数将按顺时针方向创建弧线段
圆心(CE)	指定弧线段的圆心
关闭(CL)	从指定的最后一点到起点绘制弧线段，从而创建闭合的多段线。必须至少指定两个点才能使用该选项
方向(D)	指定弧线段的起始方向
半宽(H)	指定从多段线线段的中心到其一边的宽度
直线(L)	进行直线的绘制
半径(R)	指定弧线段的半径
第二个点(S)	指定三点圆弧的第二点和端点
放弃(U)	删除最近一次添加到多段线上的弧线段
宽度(W)	指定下一弧线段的宽度

2.9.2 编辑多段线

1. 命令

命令行：执行 PEDIT（缩写名：PE）命令。

菜单栏：执行“修改”→“对象”→“多段线”菜单命令。

图标：单击“修改”工具栏中的 按钮。

2. 功能

用于对二维多段线、三维多段线和三维网络的编辑，对二维多段线的编辑包括修改线段宽、曲线拟合、多段线合并和顶点编辑等。

3. 格式

命令：PEDIT ↙。

选择多段线或[多条（M）]：（选择要编辑的多段线）。

输入选项[闭合（C）/合并（J）/宽度（W）/编辑顶点（E）/拟合（F）/样条曲线（S）/非曲线化（D）/线型生成（L）/放弃（U）]：（输入要进行的操作）。

4. 说明

（1）闭合（C）：执行该命令后，系统会封闭所编辑的多线段，命令行提示如下：

输入选项[打开（O）/合并（J）/宽度（W）/编辑顶点（E）/拟合（F）/样条曲线（S）/非曲线化（D）/线型生成（L）/放弃（U）]：（把“闭合”换成了“打开”，若此时执行“打开”，系统会把多段线从封闭处打开，而提示中的“打开”将又会换成“闭合”）。

（2）合并（J）：以选中的多段线为主体，合并其他直线段、圆弧和多段线，使其成为一条多段线。

（3）宽度（W）：修改整条多段线的线宽，使其具有同一线宽。

（4）编辑顶点（E）：编辑多段线的顶点，选项进入编辑多段线顶点操作后，系统在屏幕上用小叉标记出多段线的当前编辑点，且以第一个顶点作为当前编辑的顶点。

系统提示中这些选项允许用户进行移动、插入顶点和修改任意两点间的线宽等操作，各选项含义如表 2-4 所示。

表 2-4　编辑多段线命令各选项含义

命令	含义
下一个(N)	把标记移到多段线的下一个顶点，以改变当前的编辑顶点
上一个(P)	把标记移到多段线的前一个顶点，以改变当前的编辑顶点
打断(B)	删除多段线上指定两顶点之间的线段
插入(I)	在当前编辑的顶点后面插入一个新顶点
移动(M)	将当前的编辑顶点移动到新位置
重生成(R)	该选项用来重新生成多段线
拉直(S)	拉直多段线中位于指定两顶点之间的线段，即用连接这两点的直线代替原来的折线
切向(T)	改变当前所编辑顶点的切线方向，该功能主要用于确定对多段线进行曲线拟合时的拟合方向
宽度(W)	改变多段线中位于当前编辑之后的那一条线段的起始宽度和终止宽度
退出(X)	退出“编辑顶点(E)”操作，返回到执行 PEDIT 命令后提示

（5）拟合（F）：将指定的多段线生成由光滑圆弧连接的圆弧拟合成曲线，该曲线经过多段线

的各顶点，如图 2-129 所示。

（6）样条曲线（S）：用样条曲线拟合多段线，如图 2-130 所示。

（7）非曲线化（D）：反拟合，将指定的多段线中的圆弧由直线代替。对于选用“拟合（F）”或由“样条曲线（S）”选项后生成的圆弧拟合曲线或样条曲线，则删去生成曲线时新插入的顶点，恢复成由直线段组成的多段线。

（8）线型生成（L）：当多段线的线型为点划线时，控制多段线的线型生成方式开关。选择此项，命令提示如下：

输入多段线线型生成选项[开（ON）/关（OFF）]<关>：

（9）放弃（U）：取消 PEDIT 命令的上一次操作。用户可重复使用该选项。

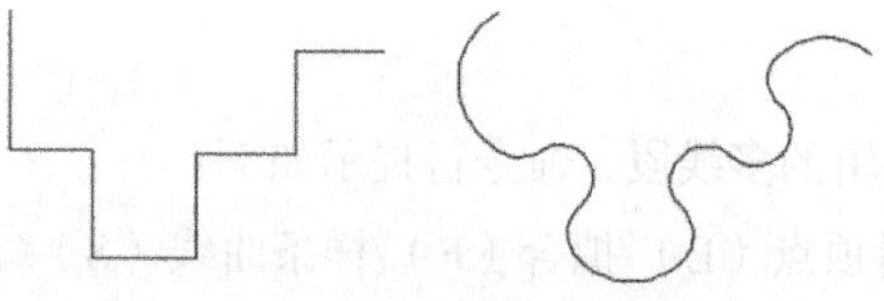

（a）（b）

图 2-129 拟合多段线

（a）原多段线；（b）拟合后

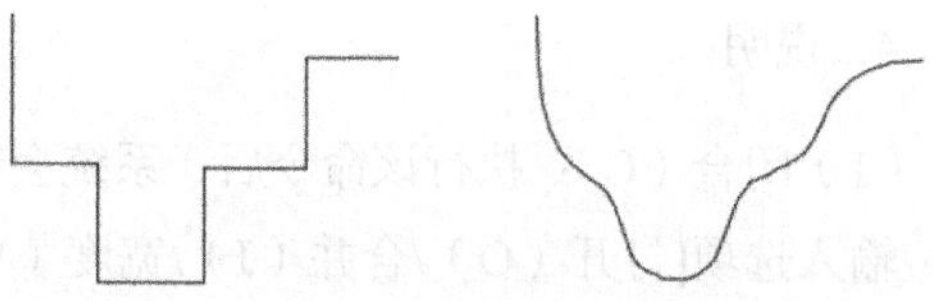

（a）（b）

图 2-130 样条曲线拟合多段线

（a）原多段线；（b）样条曲线拟合后

提示： ON 选项即在每个顶点处允许以短划开始和结束生成线型；OFF 选项即在每一个顶点处以长划开始和结束生成线型。需要注意的是，“线型生成”不能用于带变宽线段的多段线。

2.9.3 构造线

1. 命令

命令行：执行 XLINE（缩写名：XL）命令。

菜单栏：执行“绘图”→“构造线”菜单命令。

图标：单击“绘图”工具栏中的按钮。

2. 功能

构造线是一条没有起点和终点的两端无限延长的直线，主要用来绘制辅助线和修剪边界。

3. 格式

命令：XLINE ↙。

指定点或[水平（H）/垂直（V）/角度（A）/二等分（B）/偏移（O）]：

4. 说明

（1）水平（H）：绘制一条通过指定点且平行于 X 轴的构造线。

（2）垂直（V）：绘制一条通过指定点且平行于 Y 轴的构造线。

（3）角度（A）：以指定的角度或参照某条已存在的直线以一定角度绘制一条构造线。

（4）二等分（B）：绘制角平分线。使用该选项绘制的构造线将平分指定的两条相交线之间的夹角。

（5）偏移（O）：通过另一条直线对象绘制与此平行的构造线，绘制此平行构造线时可以指定偏移的距离与方向，也可以指定通过的点。

2.9.4 射线

1. 命令

命令行：执行 RAY 命令。

菜单栏：执行“绘图”→“射线”菜单命令。

图标：单击“绘图”工具栏中的 按钮。

2. 功能

射线是一端无限长的直线，主要用来绘制辅助线或参考线。

3. 格式

命令：RAY ↙。

指定起点：（指定射线起点）。

指定通过点：（指定射线需通过的另一点）。

技巧：指定射线的起点后，可以根据[指定通过点]的提示指定多个通过点，绘制经过相同起点的多条射线，直到按 Enter 键退出为止。

任务实现操作

利用所学命令绘制道路标志。

（1）用“绘制圆”命令绘制牌子，用“绘制构造线”命令绘制一条和水平成 135° 角的直线，用“绘制直线”命令绘制两条直线，相对于圆的中点左右对称，如图 2-131 所示。

（2）用“多段线”命令描图，按图形适时更改线宽，“合并”多段线，如图 2-132 所示。

（3）删除辅助线，如图 2-133 所示。

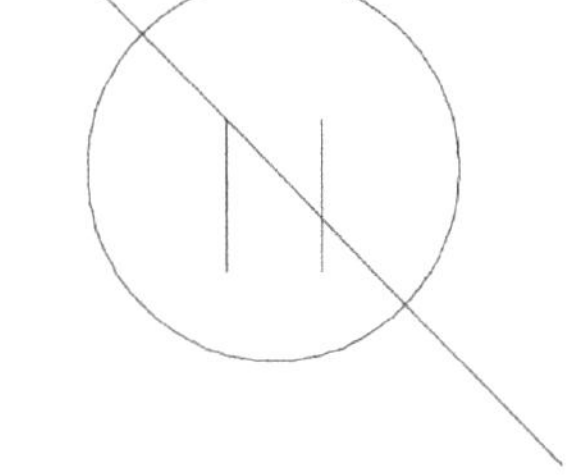

图 2-131　绘制道路标志大体轮廓图

图 2-132　多段线描图

图 2-133　完成绘图

注意：在绘制路标的过程中，要注意多段线线型宽度的变化，适时地改变线宽，能绘制出各种交通标志图形或电子元器件等。

能力训练

1. 知识巩固

（1）如何用“构造线”命令绘制角平分线？

（2）编辑多段线时，“拟合”和“样条曲线”两种情况下有什么区别？

2. 实践操作

（1）利用所学知识把每个图的左侧图形编辑成右侧图形，如图 2-134 所示。

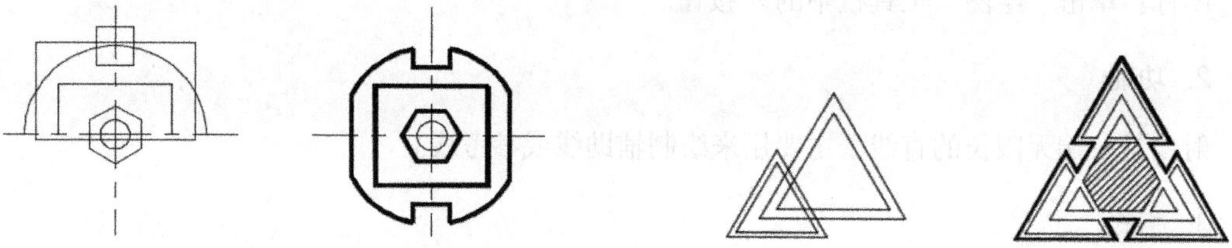

（a）　　（b）

图 2-134　任务 2.9 实践操作题图（一）

（2）绘制三角形各角平分线，如图 2-135 所示。

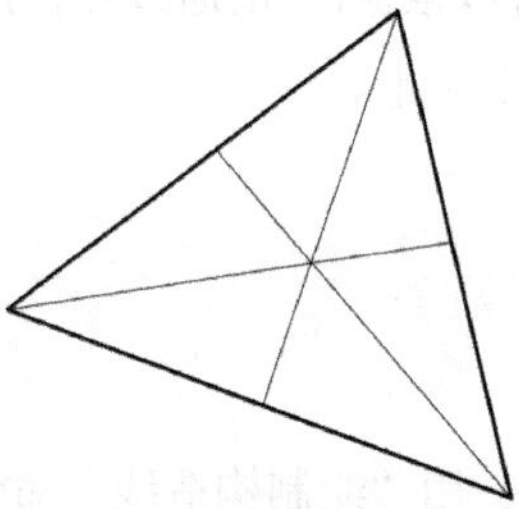

图 2-135　任务 2.9 实践操作题图（二）

任务 2.10　绘制相贯线

学习目标

掌握“样条曲线”命令和“编辑样条曲线”命令的使用方法。

职业技能要求

能够正确运用“样条曲线”命令和“编辑样条曲线”命令，熟悉使用方法及技巧。

任务描述

完成相贯线的绘制，绘制如图 2-136 所示图形。

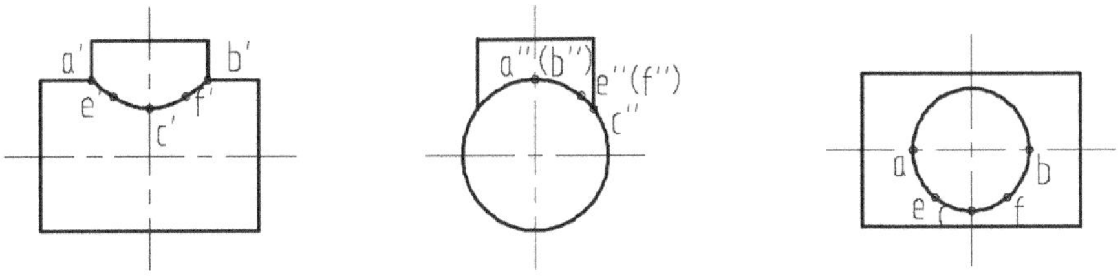

图 2-136　绘制相贯线

任务分析

两立体相交的表面形成的交线称为相贯线，相贯线是两立体相交后，表面上的一系列共有点的集合，一般表现为封闭的曲线。本图形中的相贯线将用作辅助线的方法绘制。在指定的误差范围内，把一系列的点通过数学计算方法拟合成光滑的曲线，该曲线称为“样条曲线”。这种曲线有很好的形状定义特性，对于绘制波浪线、相贯线、等高线等自由曲线非常有用。

2.10.1　样条曲线

1. 命令

命令行：执行 SPLINE（缩写名：SPL）命令。

菜单栏：执行“绘图”→“样条曲线”菜单命令。

图标：单击“绘图”工具栏中的 ~ 按钮。

2. 功能

创建样条曲线，也可把由 PEDIT 命令创建的样条拟合多段线转化成真正的样条曲线。

3. 格式及示例

命令：SPLINE ↙。

当前设置：方式=拟合　　节点=弦。

指定第一个点或[方式（M）/节点（K）/对象（O）]:（指定第一点）。

输入下一个点或[起点切向（T）/公差（L）]:（确定下一点）。

输入下一个点或[端点切向（T）/公差（L）/放弃（U）]:（确定下一点）。

输入下一个点或[端点切向（T）/公差（L）/放弃（U）/闭合（C）]:（确定下一点）。

4. 说明

（1）方式（M）：控制样条曲线的创建方式，是使用拟合的方式还是控制点的方式绘制样条曲线。

（2）节点（K）：控制样条曲线节点参数化的运算方式，以确定样条曲线中连续拟合点之间的零部件曲线如何过渡。

（3）对象（O）：用于将多段线转换为等价的样条曲线。

（4）起点切向（T）：指定样条曲线起始点处的切线方向。

（5）公差（L）：指定样条曲线可以偏离指定拟合点的距离。

（6）端点切向（T）：指定在样条曲线终点的相切条件。

2.10.2 编辑样条曲线

1. 命令

命令行：执行 SPLINEDIT（缩写名：SPE）命令。

菜单栏：执行“修改”→“对象”→“样条曲线”菜单命令。

图标：单击“修改”工具栏中的  按钮。

2. 功能

编辑样条曲线。

3. 格式

命令：SPLINEDIT ↙。

选择样条曲线：（选择要编辑的样条曲线）。

输入选项[闭合（C）/合并（J）/拟合数据（F）/编辑顶点（E）/ 转换为多段线（P）/反转（R）/放弃（U）/退出（X）]<退出>：

4. 说明

（1）拟合数据（F）：选择该选项后，创建该样条曲线时指定的各点以小方格的形式显示出来。“拟合数据”各选项含义如表 2-5 所示，选择后命令行提示如下：

表 2-5 “拟合数据”各选项含义

命令	含义
添加(A)	在样条曲线中增加拟合点，选择点之后，SPLINEDIT 将亮显该点和下一点，并将新点置于亮显的点之间
闭合(C)	如果选定的样条曲线为闭合，则“闭合”选项将由“打开”选项替换
删除(D)	从样条曲线中删除拟合点并用其余点重新拟合样条曲线
扭折(K)	在样条曲线上的指定位置添加节点和拟合点
移动(M)	把拟合点移动到新位置
清理(P)	从图形数据库中删除样条曲线的拟合数据
切线(T)	修改样条曲线的起点和端点方向
公差(L)	使用新的公差值将样条曲线重新拟合至现有点
退出(X)	返回到 SPLINEDIT 主提示

输入选项[闭合（C）/合并（J）/拟合数据（F）/编辑顶点（E）/转换为多段线（P）/反转（R）/放弃（U）/退出（X）]＜退出＞：

输入拟合数据选项[添加（A）/闭合（C）/删除（D）/扭折（K）/移动（M）/ 清理（P）/切线（T）/公差（L）/退出（X）]＜退出＞：

（2）闭合（C）：闭合开放的样条曲线，使其在端点处切向连续（平滑）。如果样条曲线的起点和端点相同，则此选项将使样条曲线在两点处都切向连续。如果选定的样条曲线为闭合，则“闭合”选项将由“打开”选项替换。

2.10.3 徒手线

绘制草图时，定点设备就像画笔一样。单击定点设备将把“画笔”放到屏幕上以进行绘图，再次单击将收起画笔并停止绘图。徒手画由许多线段组成。每条线段都可以是独立的对象或多段线。可以设置线段的最小长度或增量。使用较小的线段可以提高精度，但会明显增加图形文件的大小。

1. 命令

命令行：执行 SKETCH 命令。

注意：绘制草图前，应先检查 CELTYPE 系统变量，确保当前线型为“随层”。如果使用点划线型，并将草图直线段设置为短于间距或划线，则将看不到间距或划线。

2. 功能

对于创建不规则边界或使用数字化仪追踪非常有用。

3. 格式

命令：SKETCH ↙。
类型=直线　增量=1.0000　公差=0.5000。
指定草图或[类型（T）/增量（I）/公差（L）]：

2.10.4 修订云线

1. 命令

命令行：执行 REVCLOUD 命令。
菜单栏：执行“绘图”→“修订云线”菜单命令。
图标：单击“绘图”工具栏中的  按钮。

2. 功能

修订云线是由连续圆弧组成的多段线，用于在检查阶段提醒用户注意图形的某个部分。在检查或用红线圈阅图形时，可以使用修订云线功能亮显标记以提高工作效率。用户可以为修订云线选择样式：普通或手绘。手绘修订云线看起来像是用画笔绘制的。

3. 格式

命令：REVCLOUD ↙。

最小弧长：0.5　最大弧长：0.5　样式：普通 类型：徒手画。

指定第一个点或[弧长（A）/对象（O）/矩形（R）/多边形（P）/徒手画（F）/样式（S）/修改（M）]<对象>：

4. 说明

（1）弧长（A）：指定组成云线的圆弧的弧长范围。

（2）对象（O）：指定要转换为云线的对象，主要包括直线、圆、圆弧、椭圆、矩形、多边形、多段线和样条曲线等。选定对象后，提示是否反转，如图 2-137 所示。

（a）圆　（b）转换为不反转的云线　（c）转换为反转的云线

图 2-137　将圆转换为云线

（3）样式（S）：指定修订云线的样式，即选择的圆弧样式包括普通和手绘两种，如图 2-138 所示。

（a）普通　（b）手绘

图 2-138　修订云线的样式

任务实现操作

利用所学命令绘制相贯线。

（1）设置点的样式和大小，以便标志相贯线所经过的点。

（2）利用所学的机械制图知识制作适当的辅助线，找到相贯线上的一些点，如图 2-139 所示。

（3）删除辅助线，并用样条曲线依次连接各点，如图 2-140 所示。

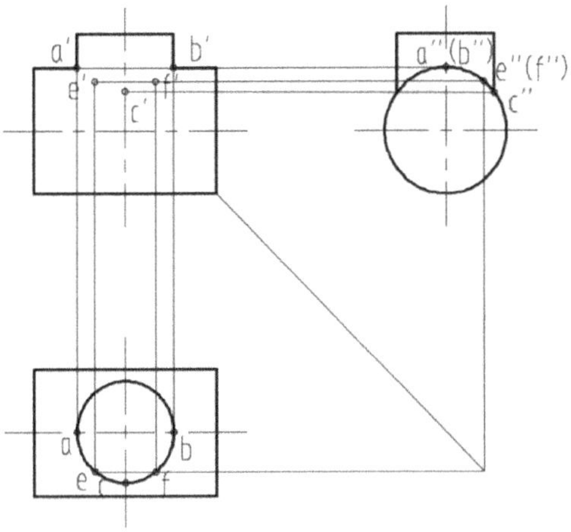

图 2-139　制作辅助线并找到相贯线上的点

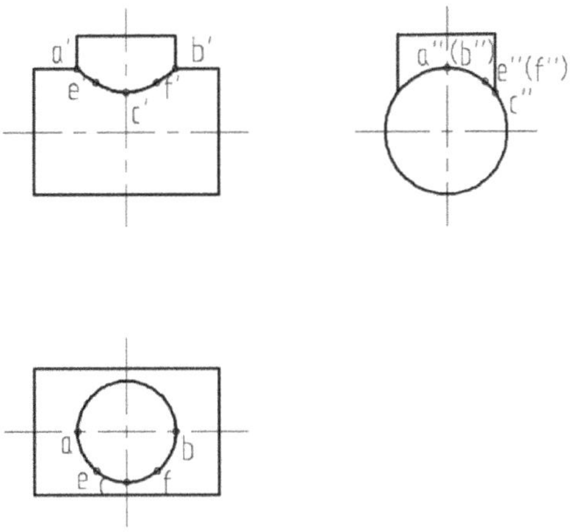

图 2-140　样条曲线连接各点

注意：在绘制相贯线的过程中，要注重辅助线的使用，以便确定相贯线上的点，在标示点之前，最好按绝对单位大小设置点的大小，以便之后用样条曲线连接各点。

能力训练

1. 知识巩固

（1）说明样条曲线、徒手线、修订云线的作用。

（2）什么是样条曲线的拟合公差，怎样编辑样条曲线？

（3）修订云线有几种形式？

2. 实践操作

利用所学知识绘制图 2-141 所示图形（尺寸自定）。

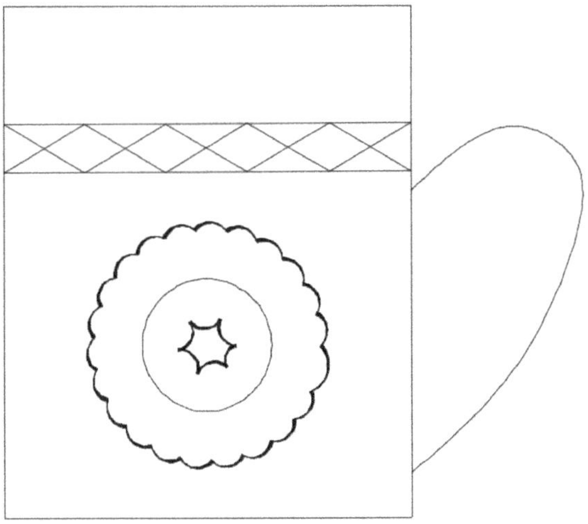

图 2-141　任务 2.10 实践操作题图

项目三　绘制零件图

任务 3.1　图层操作

学习目标

掌握图层的设定和编辑方法。

职业技能要求

能够对图层进行设定和编辑。

任务描述

分析该图所包含的信息，把相同类型的信息进行统一管理和标志，如图 3-1 所示。

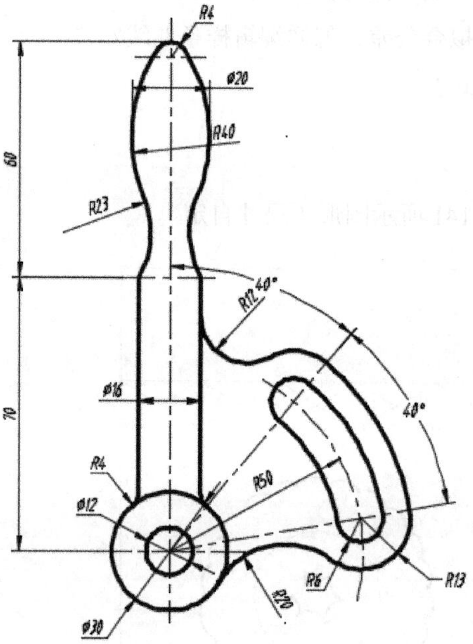

图 3-1　图层设置

任务分析

在该图形中，外轮廓线为粗实线，中心线为点划线，此外还有尺寸标注线，要求利用 AutoCAD

的图层管理命令把相同的要素统一为一体，并进行统一设定和管理。

3.1.1　图层的基本概念

图层是 AutoCAD 管理图形对象的有利工具。用户可以通过设置图层间不同的颜色、线型、线宽等属性信息对图形对象进行分类，使具有相同性质的对象分在同一组，可以将对一个组所有共有属性信息的描述来替代对这个组内每个对象的属性描述，从而大大减少重复性的工作，节省存储空间。这个“组”即为“图层”（Layer）。

在各层上画完图后，把这些层对齐重叠在一起，就构成了一张整图，如图 3-2 所示。

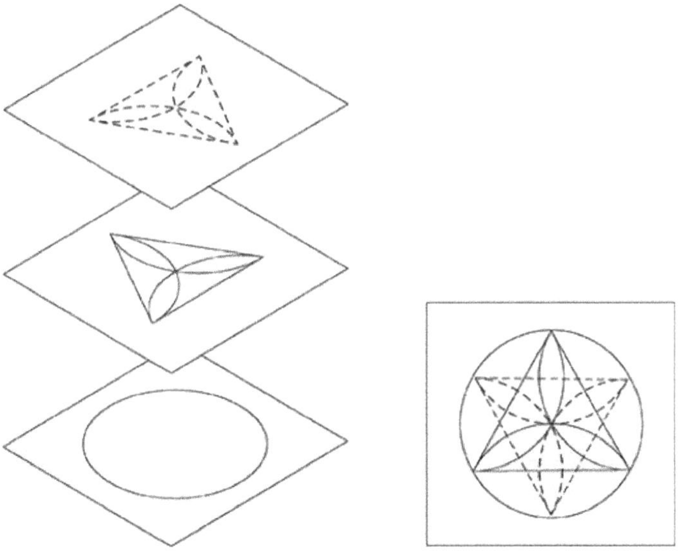

图 3-2　概念上的图层

3.1.2　图层的性质

（1）每一图层对应一个图层名，系统默认设置的图层为 0（零）层，不能删除也不能更名。其余图层由用户根据需要命名创建，数量不限，但图层越多，文件越大，运行速度越慢。

（2）各图层具有同一坐标系，好像透明纸重叠在一起，每一图层对应一种颜色和一种线型。

（3）当前作图使用的图层称为当前层，当前层只有一个，但可以切换。

（4）图层具有以下特征，用户可以根据需要进行设置：

①打开（ON）/关闭（OFF）。

②冻结（Freeze）/解冻（Thaw）。

③锁定（Lock）/解锁（Unlock）。

（5）当新建一个图层时，该图层的设置参数将继承上一图层的参数。

3.1.3 图层的控制及其操作

1. 命令

命令行：执行 LAYER（缩写名：LA，可透明使用）命令。

菜单栏：执行“格式”→“图层”菜单命令。

图标：单击“图层”工具栏中的 按钮。

2. 功能

新建图层，设置当前图层，为指定的图层定义线型、颜色和线宽，改变图层名，开/关图层，冻结/解冻图层，锁定/解锁图层。

3. 格式

命令：LAYER ↙。

打开图 3-3 所示的“图层特性管理器”面板，利用此面板可对图层进行各种操作。

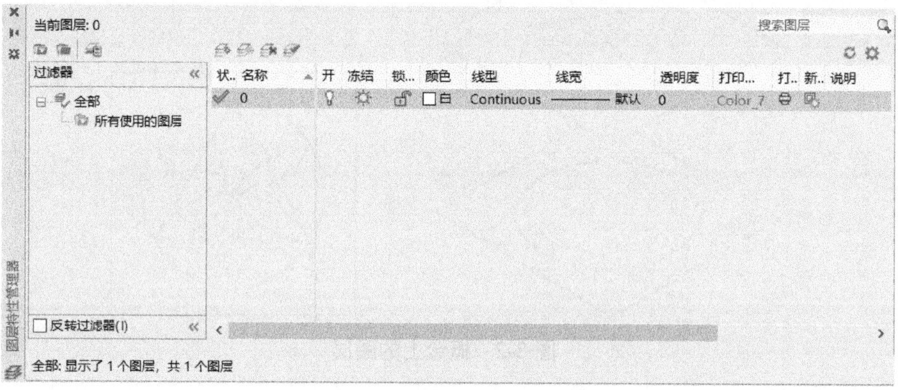

图 3-3 “图层特性管理器”面板

4. 说明

1）新建图层

可以通过单击“新建图层”按钮创建新图层或者在新建图层区域通过右键快捷菜单完成图层的新建工作，新图层的特性将继承 0 层特性或已选择的某一图层的特性。新图层的默认名为“图层 n”，显示在中间的图层列表中，用户可立即更名。建议用能描述该图层特性的词语命名，如机械制图中可以用“粗实线”“细实线”“标注层”“剖面线”“虚线”等命名图层。

2）图层列表框

图层列表框中包含以下选项参数：

（1）名称。

（2）开/关状态。

（3）冻结/解冻。

（4）锁定/解锁。

（5）颜色。

（6）线型。

（7）线宽。

（8）透明度。

（9）打印样式。

（10）打印。

（11）新视口冻结。

3）设置颜色

新建的图层颜色会继承上一图层的颜色特性，因此要更改新建图层的颜色，需在颜色区域中单击“颜色”选项，弹出“选择颜色”对话框，如图 3-4 所示。

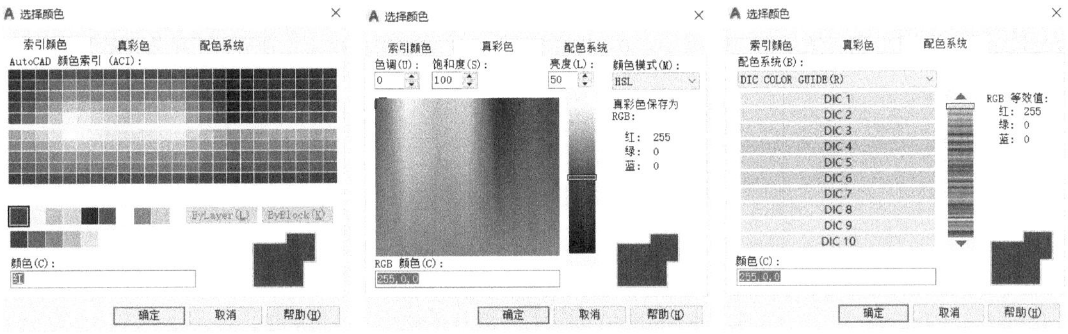

（a）　　　　　　（b）　　　　　　（c）

图 3-4　“选择颜色”对话框

（a）“选择颜色-索引颜色”对话框；（b）“选择颜色-真彩色”对话框；（c）“选择颜色-配色系统”对话框

4）设置线型

线型是作为图元的线条的组成和显示方式，如虚线、实线等。绘制不同的对象，要使用不同的线型，就需要对线型进行设置，默认情况下，图层的线型为“Continuous”即连虚线，要改变线型，可在图 3-3 中的“线型”选项上单击，如图 3-5 所示，弹出“选择线型”对话框，如图 3-6 所示。这时可以单击“加载”按钮，打开“加载或重载线型”对话框，从当前线型库选择需要加载的线型，如图 3-7 所示。

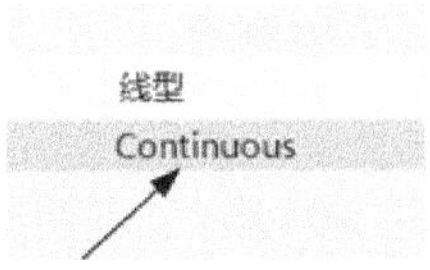

图 3-5　“线型”位置

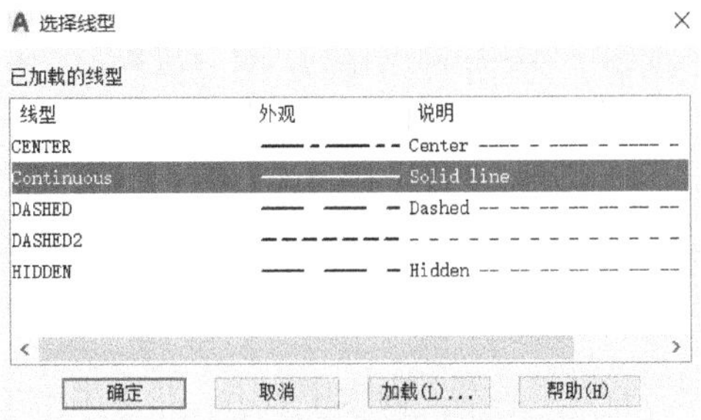

图 3-6　设置线型

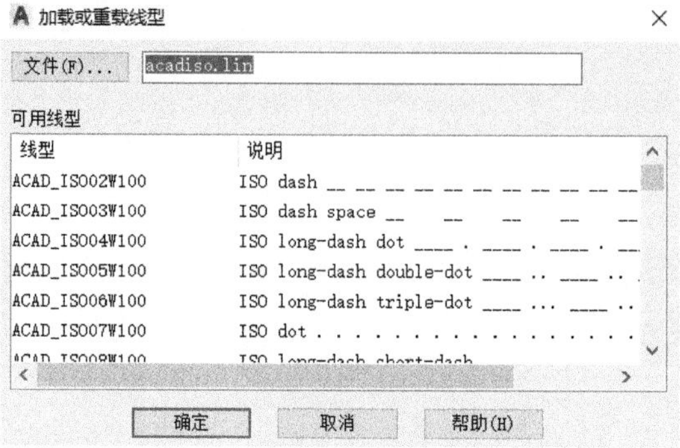

图 3-7 “加载或重载线型”对话框

5）设置线宽

设置线宽实际上就是改变线条的宽度，用不同宽度的线条表现对象的大小或类型。要改变线宽，可在图 3-3 中单击“默认”，弹出“线宽”对话框，在“线宽”对话框中选择适当的线宽，如图 3-8 所示。

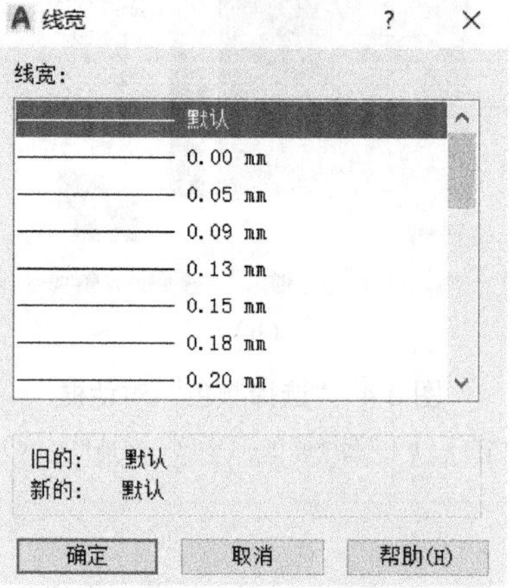

图 3-8 “线宽”对话框

6）设置当前图层

从图层列表框中选择任一图层，单击“置为当前”按钮，即把它设置为当前图层。

7）图层排序

单击“图层”列表中的“名称”就可以改变图层的排序。例如，要按层名排序，第一次单击“名称”，系统按字典顺序降序排列；第二次单击“名称”，系统按字典顺序升序排列。若单击“颜色”，则“图层”按颜色排序。

8）删除已创建的图

选中某图层，单击“删除”按钮则该图层消失。系统创建的 0 层不能删除。

9）图层操作快捷菜单

在“图层特性管理器”面板中右击，将弹出一个快捷菜单，如图 3-9 所示，利用此菜单中的各选项可方便地对图层进行操作。

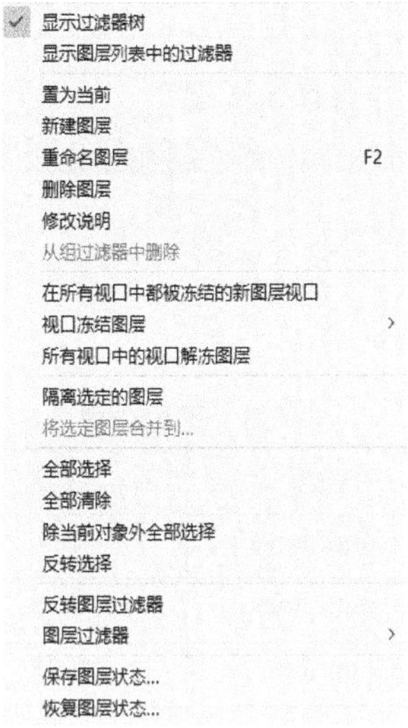

图 3-9　图层操作快捷菜单

10）改变实体图层的方法

改变实体的图层通常采用以下三种方法：

（1）利用图层工具栏中的“图层控制”下拉列表框。

（2）利用对象“特性”面板。

（3）利用快速访问工具栏中的“特性匹配”按钮。

任务实现操作

（1）调出“图层特性管理器”面板，依图所需设置图层（见图 3-3）。

（2）把相同特性的图元设置为同一图层，如图 3-10 所示。

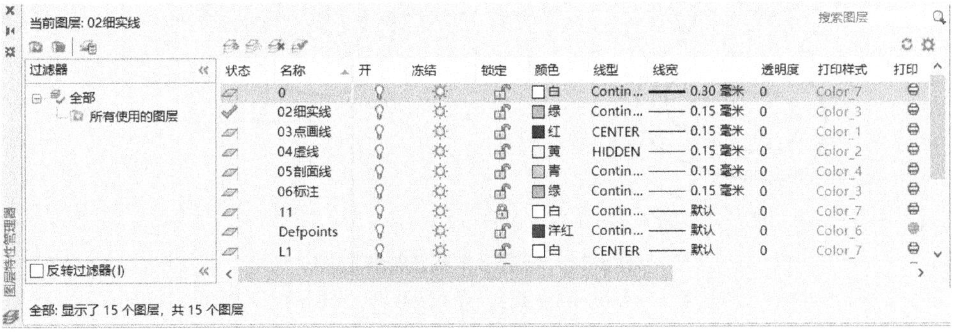

图 3-10　图层设置

能力训练

1. 知识巩固

（1）为什么要建立图层，建立图层有什么作用？

（2）如何对图层进行设置？

（3）“关闭图层”和“冻结图层”有什么区别？

（4）在绘制图形时，如果发现某图形没有绘制在预先设置的图层上，应该如何更改？

2. 实践操作

（1）按要求建立表 3-1 所示图层。

表 3-1 图层参数

名称	颜色	线型	线宽	说明
0	白色	Continuous	0.5	画粗实线
02 细实线	绿色	Continuous	0.25	画细实线、细波浪线
03 点划线	红色	Conntinu	0.25	画轴线、对称线、中心线
04 虚线	黄色	Hidden	0.25	画虚线
05 剖面线	青色	Continuous	0.25	画剖面线
06 标注	绿色	Continuous	0.25	画尺寸、文字、特殊符号

（2）利用所学知识绘制图 3-11 所示图形。

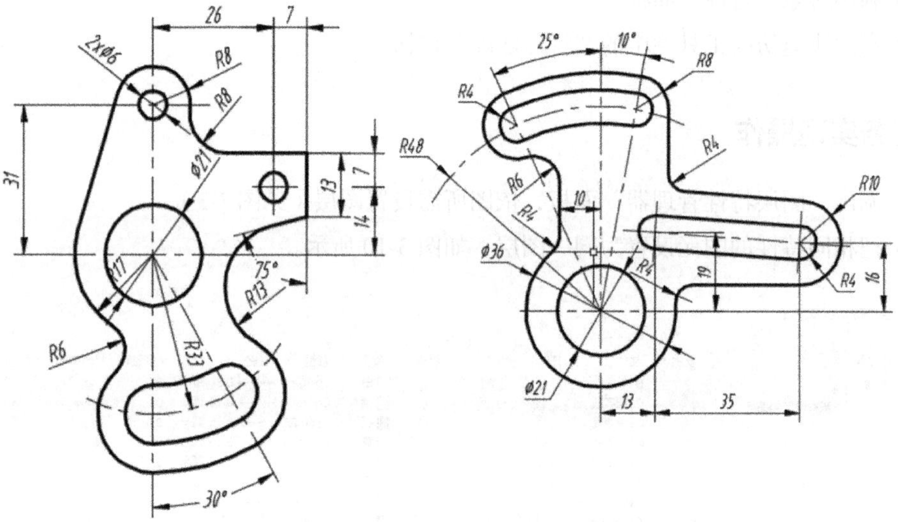

图 3-11 任务 3.1 实践操作题图

任务 3.2 零件图的技术要求和标题栏

学习目标

掌握标题栏的创建及文字和技术要求的书写格式。

职业技能要求

1. 能够熟练地创建和设置文字格式，理解各种对齐方式的含义与应用。
2. 能够进行单行文字和多行文字的书写与编辑。
3. 能够创建和设置表格样式。
4. 能够进行表格格式的调整和表格内容的输入。

任务描述

编写零件图的技术要求，创建零件图的标题栏并填写标题栏，如图 3-12 所示。

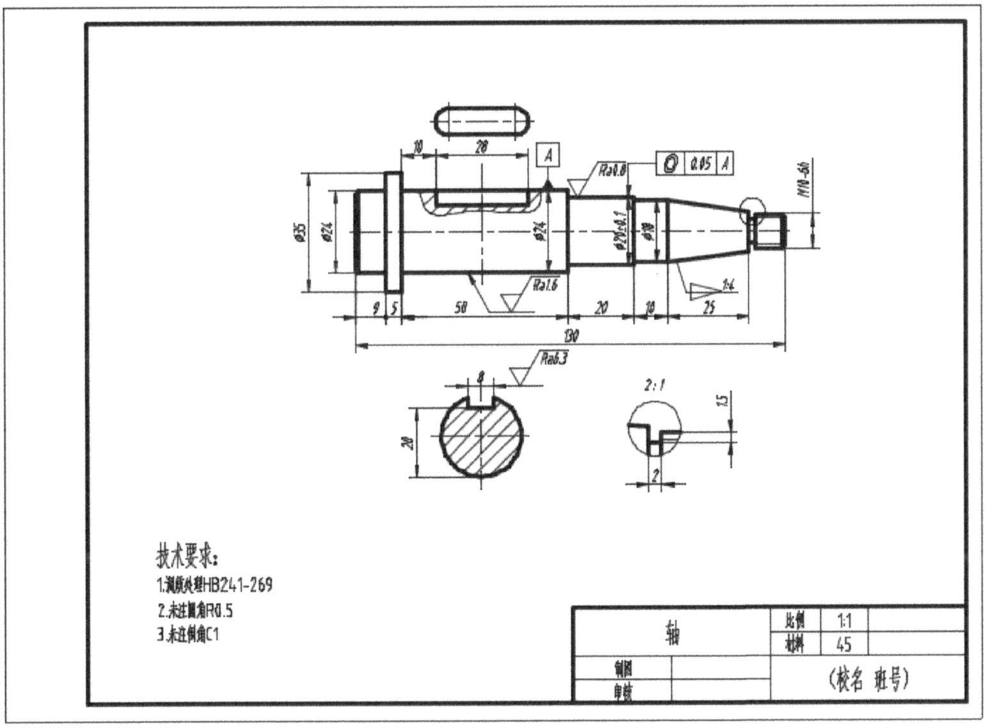

图 3-12　轴零件图

任务分析

图纸中的技术要求须进行文字输入，标题栏须绘制表格并填写表格。

必备知识

任何机器或部件都是由若干个零件按一定要求装配而成的。而制造机器时，必须先制造零件，用来指导零件制造和检验的图样称为零件图。从图中可以看到，一幅完整的零件图应包含以下几部分：

（1）图形。

（2）标题栏。
（3）技术要求。
（4）尺寸。

3.2.1 文字样式

1. 文字样式简介

在 AutoCAD 中，文字样式用于控制图形中所使用文字的字体、高度、宽度等参数。因此，在进行文字标注前，首先要创建一定的文字样式标注文字。由于不同行业、不同用户通常对文字标注的要求不同，因此，标注时文字样式的设置也不同。

2. 创建文字样式

1）命令

命令行：执行 STYLE（缩写名：ST）命令。

菜单栏：执行“格式”→“文字样式”菜单命令。

2）功能

定义和修改文字样式，设置当前样式，删除已有样式及文字样式重命名。

3）格式

命令：STYLE ↙。

执行命令后，将打开如图 3-13 所示的“文字样式”对话框，从中可以选择字体，建立或修改文字样式。

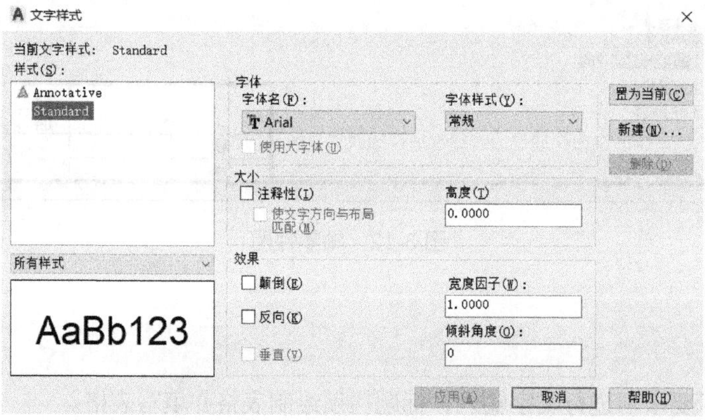

图 3-13 “文字样式”对话框

4）说明

（1）设置文字样式。单击“新建”按钮，打开“新建文字样式”对话框，如图 3-14 所示。输入所需样式名，例如，将样式名改为“汉字”，单击“确定”按钮返回“文字样式”对话框，如图 3-15 所示。

图 3-14　“新建文字样式”对话框

图 3-15　创建“汉字”文字样式

（2）设置字体。在“字体名”下拉列表框中选择“T @仿宋”，在“字体样式”下拉列表框中选择“常规”选项，在“高度”文本框中输入“3.5”（设置文字的高度为 3.5 mm）。通过该设置即可确定输入汉字时使用高度为 3.5 mm 的仿宋字体，设置界面如图 3-16 所示。同样可以通过“新建”来建立“字母与数字”样式，用来书写字母与数字及其他特殊符号，设置界面如图 3-17 所示。字体高度参见表 3-2。

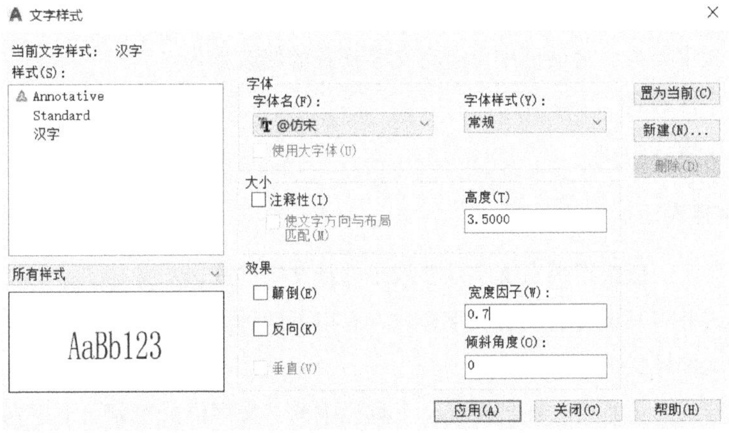

图 3-16　“汉字”文字样式

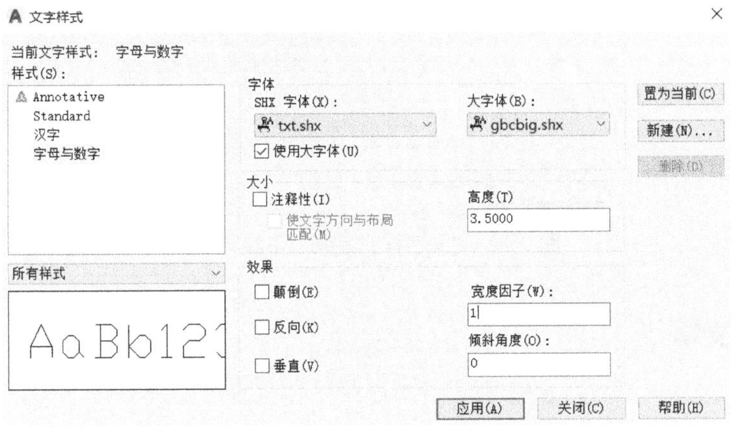

图 3-17　“字母与数字”文字样式

表 3-2　字体高度与图纸幅面之间的选用关系（GB/T 13362.4～13362.5）

幅面代号	A0	A1	A2	A3	A4
汉字	7	5	3.5	3.5	3.5
字母与数字	7	5	3.5	3.5	3.5

（3）设置文字效果。在“文字样式”对话框的“效果”选项区中，可以设置文字的显示效果，各项含义如下：

①“颠倒”复选框：选中该选项，文字将上下颠倒显示。

②“反向”复选框：选中该选项，文字将首尾反向显示。

③“垂直”复选框：选中该选项，文字将竖直显示。

④“宽度因子”文本框：用于设置文字的宽度系数。

⑤“倾斜角度”文本框：用于设置文字的倾斜角度。

（4）完成文字样式设置。

在完成上述设置后，单击“应用”按钮即可完成文字样式的设置。

3. 修改文字样式

在打开的“文字样式”对话框中可进行文字样式的修改操作。

（1）修改文字样式名。

（2）修改文字样式内容。

4. 选择文字样式

在绘制过程中，一般根据书写文字的要求来选择文字样式。

选择文字样式并将其设置为当前文字样式，有以下两种方法：

（1）使用“文字样式”对话框。

（2）使用“样式”工具栏。在“样式”工具栏中的“文字样式控制”下拉列表框中选择需要的文字样式，如图 3-18 所示。

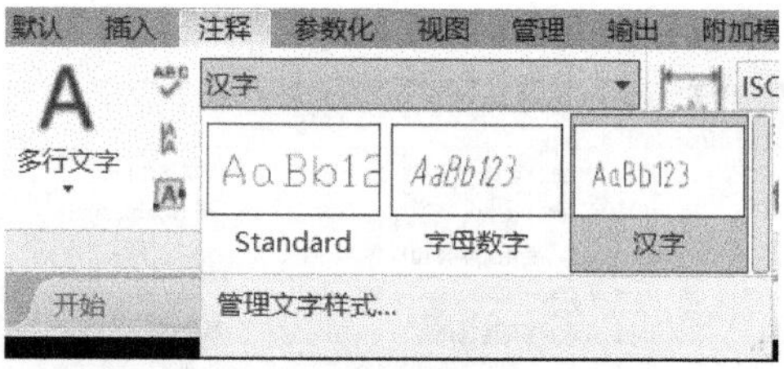

图 3-18 “文字样式控制”下拉列表框

3.2.2 单行文字

1. 命令

命令行：执行 TEXT 命令。

菜单栏：执行“绘图”→“文字”→“单行文字”菜单命令。

2. 功能

动态书写单行文字，在书写时所输入的字符动态显示在屏幕上，并用方框显示下一文字书写的位置。书写完一行文字后按 Enter 键可继续输入另一行文字，但每一行文字为一个对象，可单独进行编辑和修改，因此，通常用作一些工程图的标题栏信息、标签或尺寸标注中的尺寸文本等。

3. 格式

命令：TEXT ↙。

当前文字样式："Standard"；文字高度：2.5000；注释性：否；对正：左。

指定文字的起点或[对正（J）/样式（S）]：（点取一点作为文本的起始点）。

指定高度<2.5000>：（确定字符的高度）。

指定文字的旋转角度<0>：（确定文本行的倾斜角度）。

输入文字：（输入文字内容）。

4. 说明

（1）指定文字的起点：可直接在作图屏幕上点取一点作为输入文字的起始点。

（2）对正（J）：用于选择输入文本的对正方式，对正方式决定文本的哪一部分与所选的起始点对齐。AutoCAD 2018 提供了多种对正方式，如图 3-19 所示。这些对正方式都基于水平文本行定义的顶线、中线、基线和底线及各个对齐点，如图 3-20 所示。

（3）样式（S）：确定当前使用的文字样式。

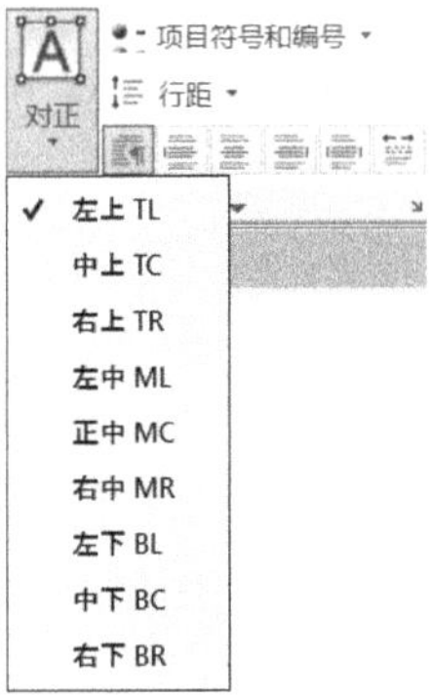

图 3-19　对正方式

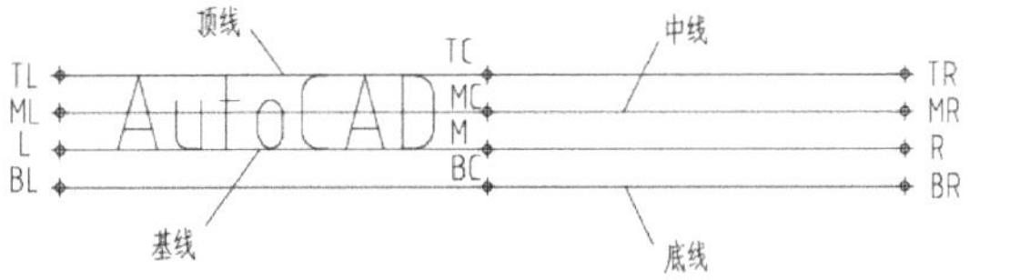

图 3-20　文本的对正点

3.2.3　多行文字

1. 命令

命令行：执行 MTEXT 命令。

菜单栏：执行"绘图"→"文字"→"多行文字"菜单命令。

图标：单击"注释"工具栏中的A按钮。

2. 功能

利用多行文字编辑器书写多行段落文字，可以控制段落文字的宽度和对正方式，允许段落内文字采用不同的字样、字号、颜色和排列方式。

3. 格式

命令：MTEXT ↙。

当前文字样式："Standard"；文字高度：2.5000；注释性：否。

指定第一角点：（指定矩形框的第一个角点）。

指定对角点或[高度（H）/对正（J）/行距（L）/旋转（R）/样式（S）/宽度（W）/栏（C）]：

当指定第二个角点后，弹出图 3-21 所示的"文字编辑器"选项卡，在该选项卡中可输入和编辑多行文字，并进行文字参数的多种设置。

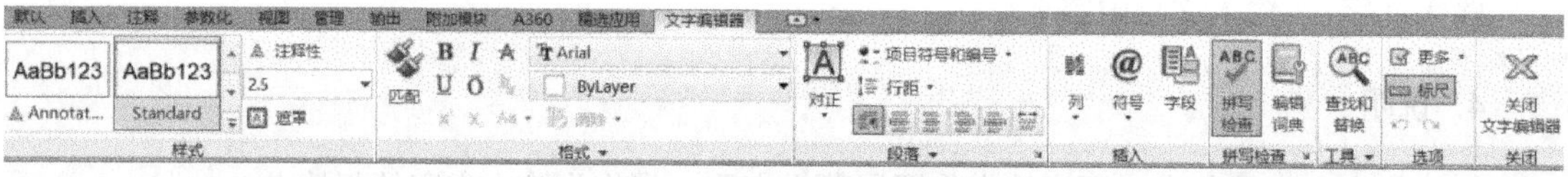

图 3-21 "文字编辑器"选项卡

4. 说明

"文字编辑器"选项卡用于输入多行文字和修改多行文字中指定字符串的字符特性，如字体、字高、文字堆叠、颜色和插入特殊字符等。修改多行文字的操作步骤为先选中字符串，然后单击相应的按钮。

"文字编辑器"选项卡还用于修改多行文字整个对象的特性，包括样式、对正方式、宽度和旋转角度等。"行距"用于修改多行文字的行间距。

3.2.4 编辑文字

1. 用 DDEDIT 命令编辑文字对象

1）命令

命令行：执行 DDEDIT 命令。

菜单栏：执行"修改"→"对象"→"文字"→"编辑"菜单命令。

2）功能

修改已经绘制在图形中的文字内容。

3）格式

命令：DDEDIT ↙。

选择注释对象或[放弃（U）/模式（M）]：

4）说明

在此提示下选择想要修改的文字对象。若选取的文本是单行文本，则可直接对其进行修改。若选取的文本是多行文字，选取后则打开"文字编辑器"选项卡（见图 3-21），可在选项卡中对其进行编辑。

2. 用 DDMODIFY 命令编辑文字对象

1）命令

命令行：执行 DDMODIFY 或 PROPERTIES 命令。

菜单栏：执行“修改”→“特性”菜单命令。

2）功能

修改文字对象的各项特性。

3）格式

命令：DDMODIFY ↙。

4）说明

先选中需要编辑的文字对象，然后单击相应的工具栏图标、选择相应的菜单命令或输入命令后按 Enter 键，则会打开“特性”面板，如图 3-22 所示。

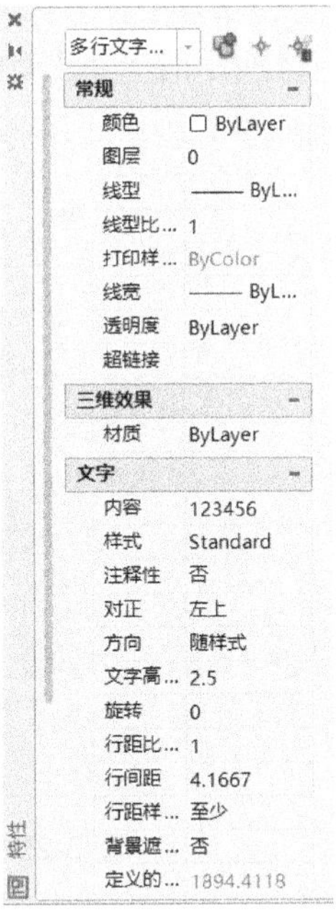

图 3-22 “特性”面板

3.2.5 创建表格样式和表格

1. 创建表格样式

1）命令

命令行：执行 TABLESTYLE 命令。

菜单栏：执行“格式”→“表格样式”菜单命令。

2）功能

表格样式用于控制表格的格式，以保证表格使用标准的字体、颜色、文本、高度和行距。

3）格式

命令：TABLESTYLE ↙。

执行命令后，系统将打开“表格样式”对话框，如图 3-23 所示。

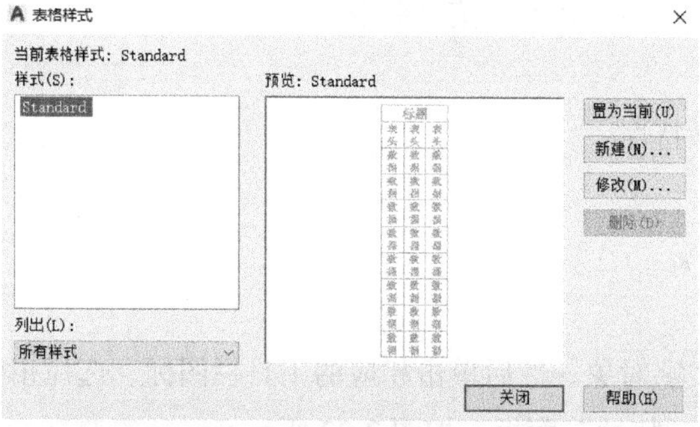

图 3-23 “表格样式”对话框

单击“新建”按钮，将打开如图 3-24 所示的“创建新的表格样式”对话框。单击“继续”按钮，将设置标题栏，如图 3-25、3-26 所示。

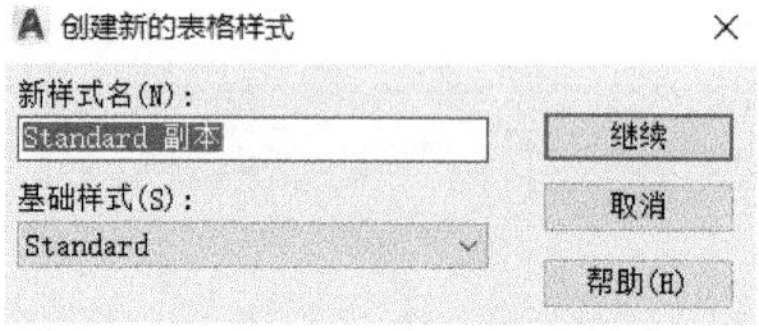

图 3-24 “创建新的表格样式”对话框

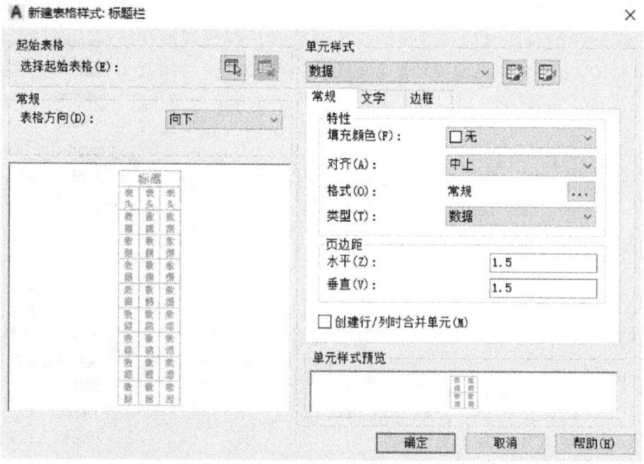

图 3-25 “新建表格样式：标题栏”对话框

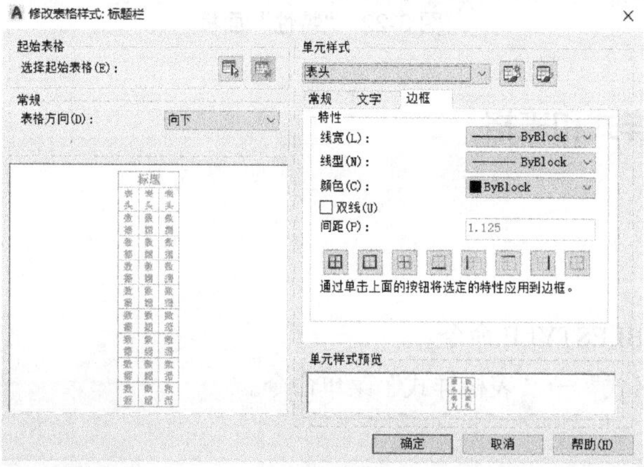

图 3-26 “修改表格样式：标题栏”对话框

2. 插入表格

1）命令

命令行：执行 TABLE 命令。

菜单栏：执行“绘图”→“表格”菜单命令。

2）格式

命令：TABLE ↙。

执行命令后，系统将打开“插入表格”对话框，如图 3-27 所示。

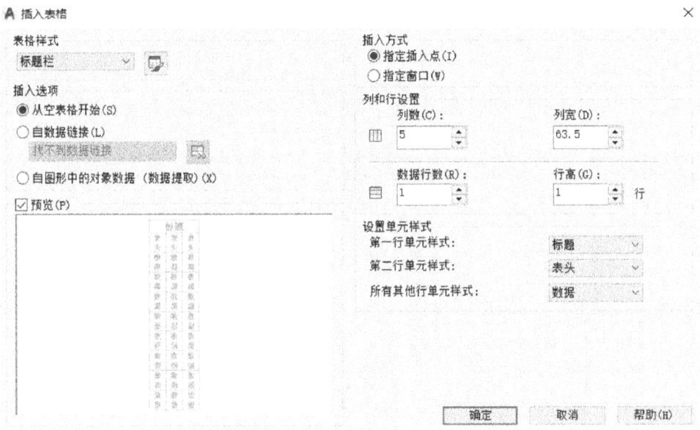

图 3-27　“插入表格”对话框

3）说明

（1）表格样式：可以从该下拉列表框中选取所需要的表格样式。也可以通过单击下拉列表后的  按钮，进行新表格样式的创建。

（2）插入选项：用于指定插入表格的方式。

（3）预览：显示当前表格样式的样例。

（4）插入方式：指定表格插入位置。

（5）列和行设置：设置列和行的数目及宽度（或高度）。

（6）设置单元样式：对于不包含起始表格的表格样式，指定新表格行中的单元格样式。

（7）插入表格：在完成相应设置后，用户即可单击“确定”按钮，在指定点或窗口中插入表格，如图 3-28 所示。系统同时将弹出“文字编辑器”选项卡，如图 3-29 所示。

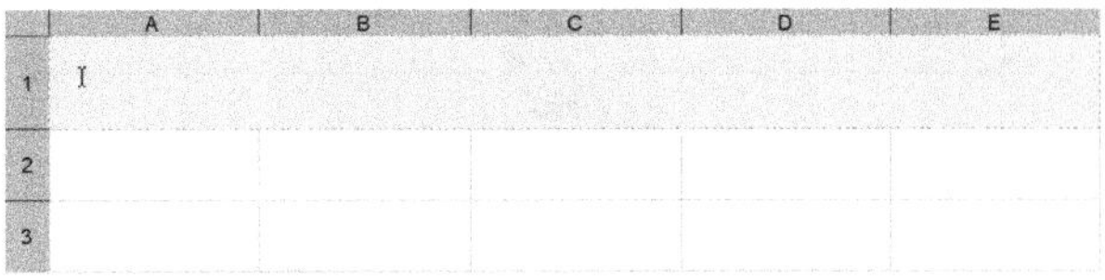

图 3-28　空白表格

图 3-29　“文字编辑器”选项卡

（8）编辑表格：从上面的介绍可以看到，利用“表格”功能创建表格使用虽然方便，但是，利用该种方法创建的表格通常是具有相同的行高和列宽的，未必会满足用户的需求，因此，需要对表格进行进一步的编辑。这时，需要用到“表格单元”选项卡，如图 3-30 所示。编辑表格的示意图如图 3-31 所示。

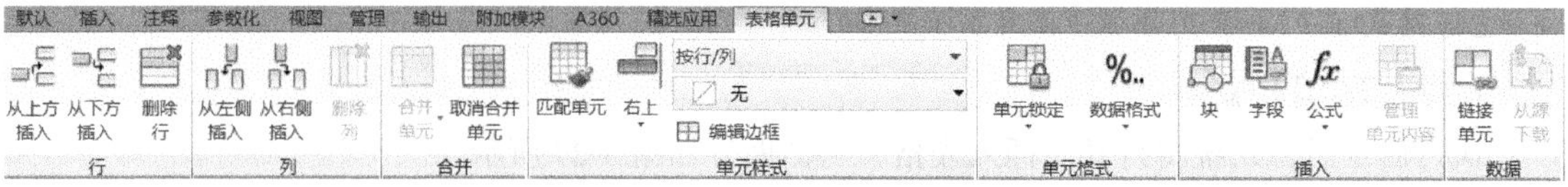

图 3-30 “表格单元”选项卡

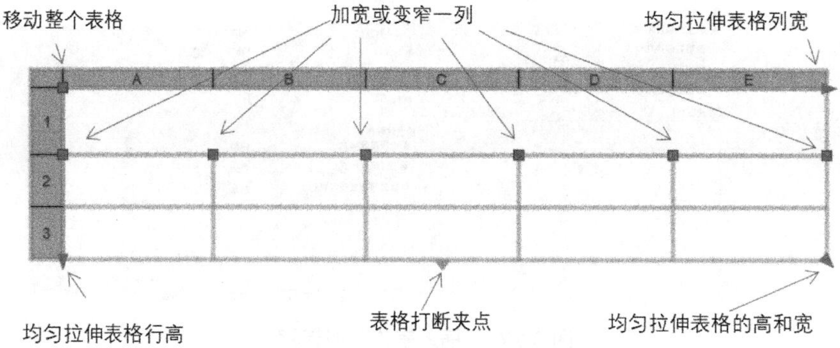

图 3-31 表格夹点

任务实现操作

（1）打开已绘制并标注好尺寸的轴零件图，如图 3-32 所示。

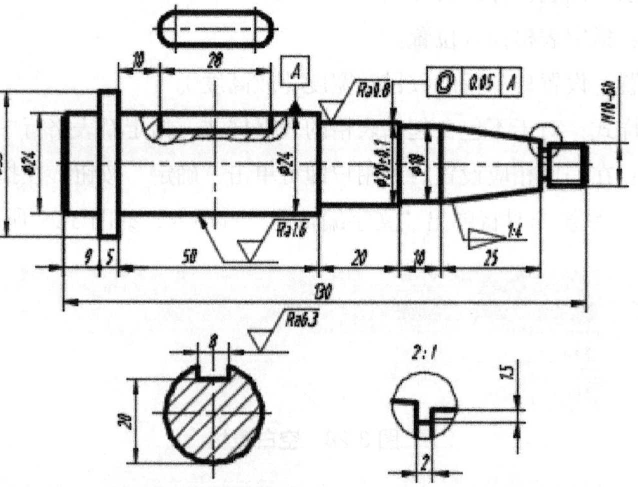

图 3-32 待添加“技术要求”和“标题栏”的零件图

（2）创建需要使用的文字样式，如图 3-33、3-34 所示。

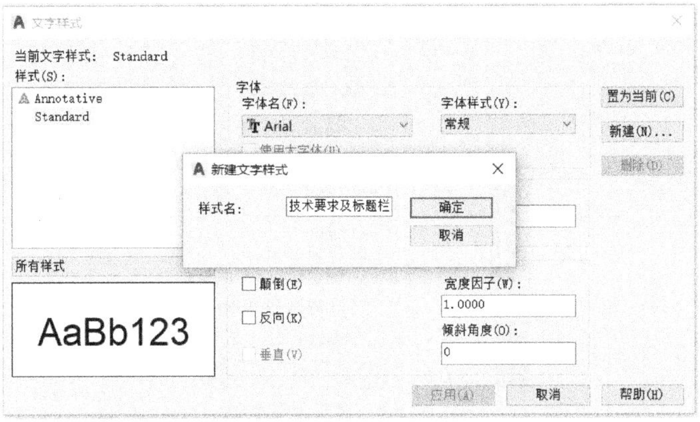

图 3-33　新建“技术要求及标题栏”文字样式

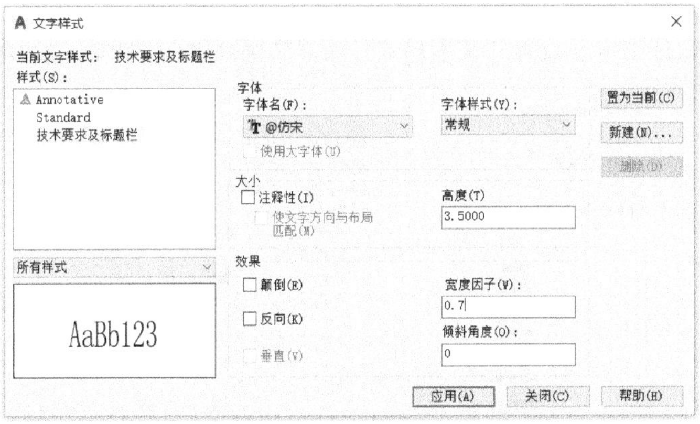

图 3-34　设置“技术要求及标题栏”文字样式

（3）创建所需使用的表格样式。

①执行“格式”→“表格样式”菜单命令，系统弹出“表格样式”对话框。单击“新建”按钮，在“创建新的表格样式”对话框中输入“标题栏”，如图 3-35 所示，单击“继续”按钮。

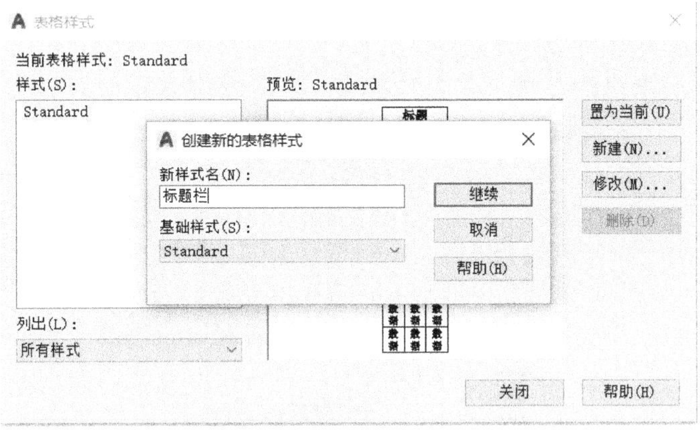

图 3-35　新建“标题栏”表格样式

打开的“新建表格样式，如图 3-36 所示。

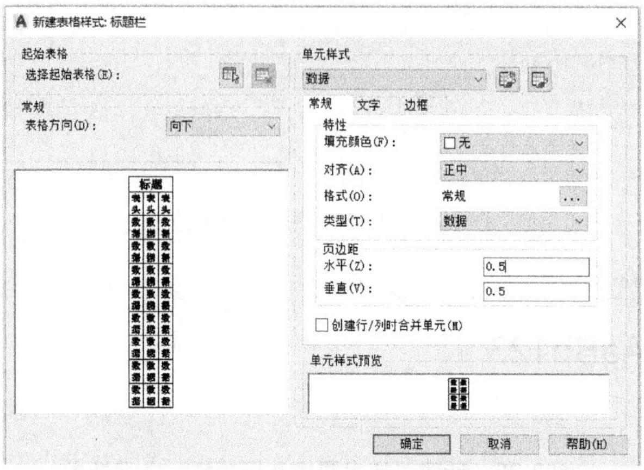

图 3-36 “常规”选项卡设置

②选择“文字”选项卡，设置“文字样式”及“文字高度”，如图 3-37 所示。

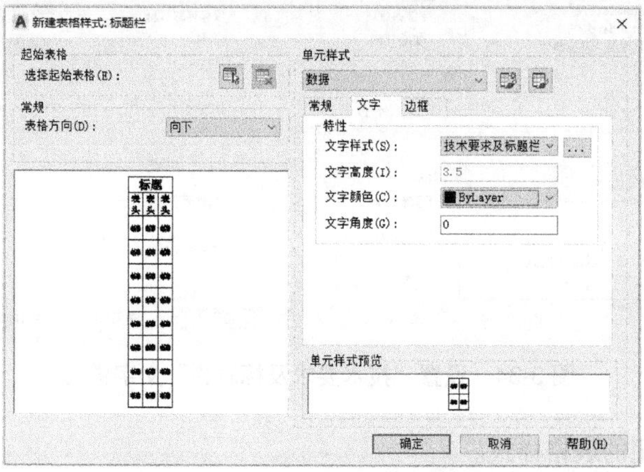

图 3-37 “文字”选项卡设置

③选择“边框”选项卡，设置“线宽”“线型”及“颜色”，再单击“外边框”按钮，如图 3-38 所示。

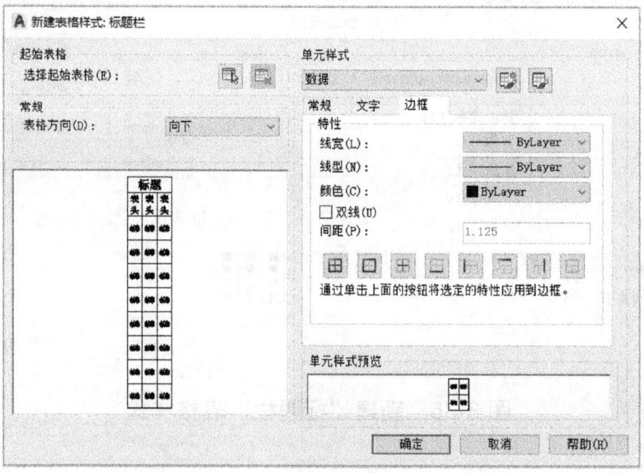

图 3-38 “边框”选项卡设置

（4）创建表格。执行“绘图”→“表格”菜单命令，系统弹出“插入表格”对话框，如图 3-39 所示。

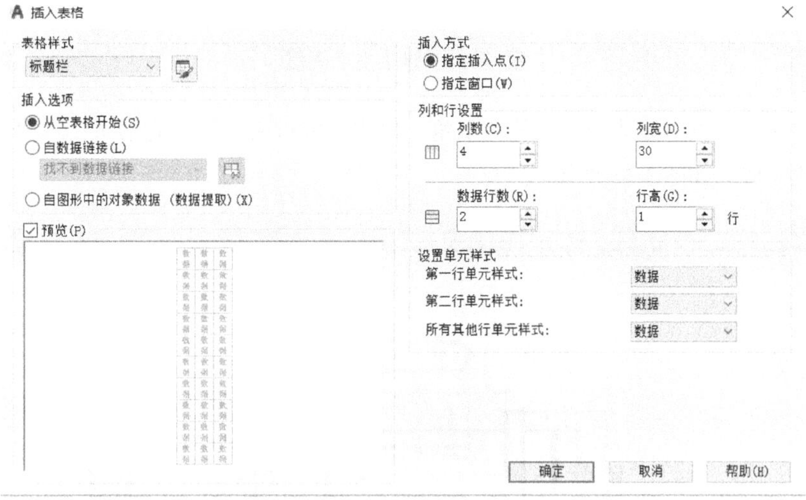

图 3-39　设置插入表格

（5）在绘图窗口中选择放置表格的位置。在窗口中选择放置位置并单击，系统弹出新添加表格及“文字”工具栏，如图 3-40 所示，表格显示如图 3-41 所示。

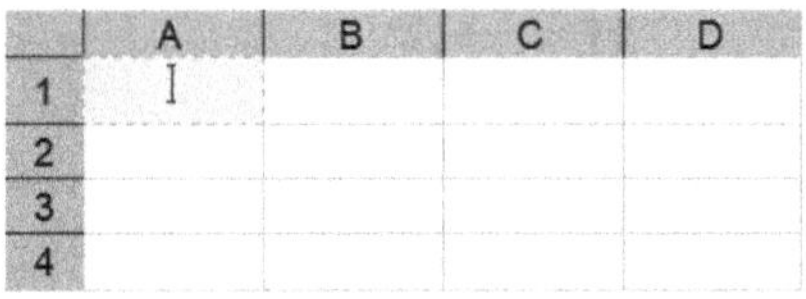

图 3-40　绘制表格

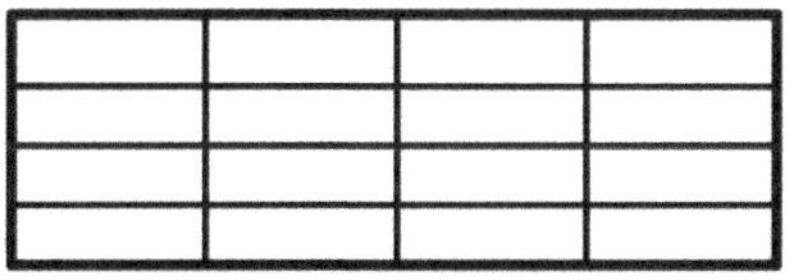

图 3-41　表格效果图

（6）利用夹点编辑所创建表格，进行表格合并，再插入一列，自行调整行高和列宽，效果如图 3-42 所示。

（7）填写标题栏内容。双击左上角合并后的单元格，系统弹出“文字”工具栏，在单元格中输入“轴”。利用同样的方法填写其他单元格中的内容，完成标题栏的填写，如图 3-43 所示。

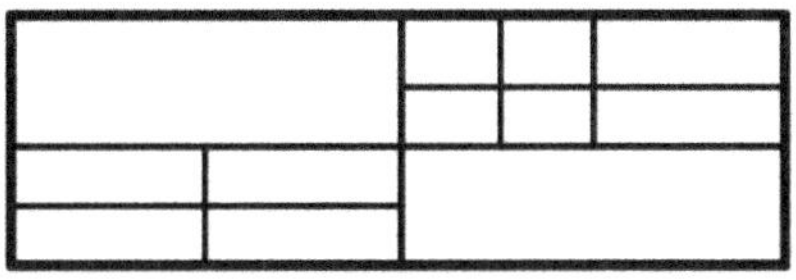

图 3-42　调整后的表格

<table>
<tr><td colspan="2" rowspan="2">轴</td><td>比例</td><td></td><td></td></tr>
<tr><td>材料</td><td></td><td></td></tr>
<tr><td>制图</td><td></td><td colspan="3" rowspan="2">（校名 班号）</td></tr>
<tr><td>审核</td><td></td></tr>
</table>

图 3-43　填写表格

（8）调整单元格文字高度。双击“轴”单元格，系统弹出“文字”工具栏，选择“轴”，将文字高度改为 5。同样地，选择“(校名　班号)”，将其高度改为 5，如图 3-44 所示。

	A	B	C	D	E
1	轴		比例		
2			材料		
3	制图		（校名 班号）		
4	审核				

图 3-44　修改文字高度

（9）将创建好的表格移动到图纸的右下角。使用“多行文字”功能书写技术要求。技术要求和标题栏创建完成，如图 3-45 所示。

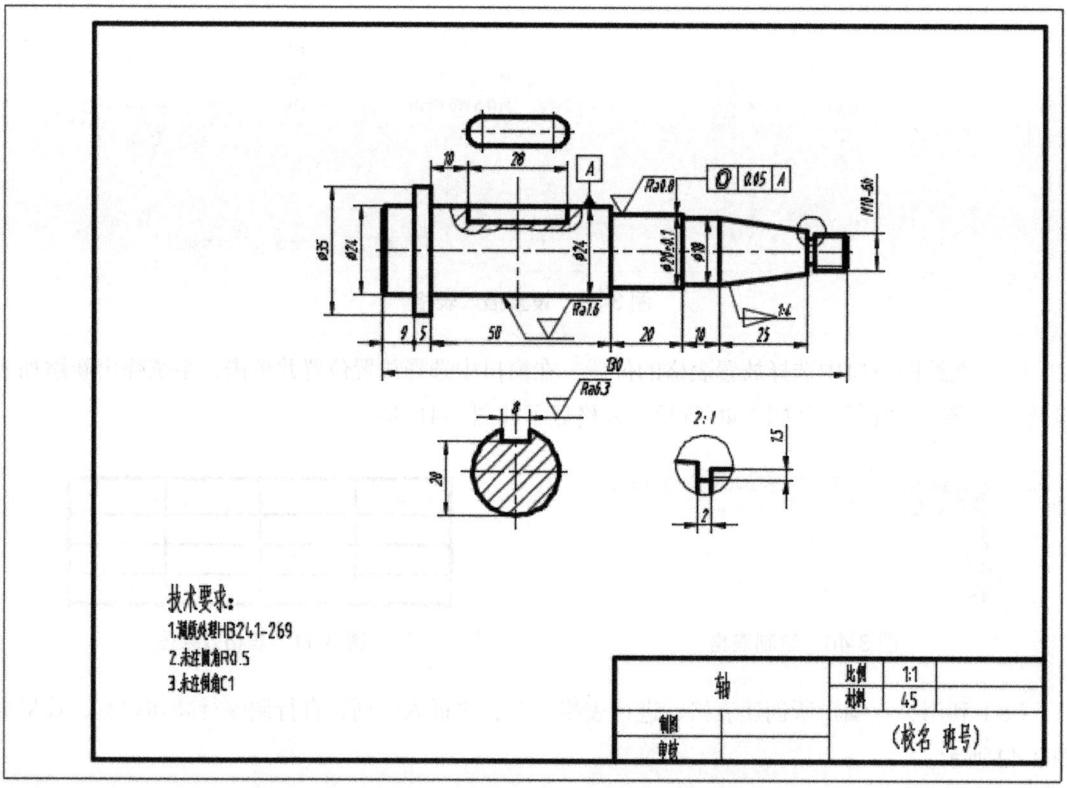

图 3-45　添加“技术要求”和“标题栏”的零件图

能力训练

1. 知识巩固

（1）创建和设置文字格式的方法及各种对齐方式的含义是什么？

（2）简述单行文字和多行文字的书写与编辑方法。

（3）简述创建和设置表格样式的方法。

（4）简述表格格式的调整和表格内容的输入方法。

（5）思考其他绘制标题栏的方法。

2. 实践操作

（1）掌握单行文字和多行文字的创建方法，并输入以下技术要求：

技术要求：

①未注明的铸造圆角为 R5，全部倒角为 2X45°。

②铸件清砂后需进行时效处理，且不能漏油。

③箱盖与箱体合箱后，四周剖分面错位量小于 2 mm。

（2）掌握表格的绘制，并完成图 3-46 所示表格的创建，文字设为“宋体”，高度为 10。

12	连接推杆	2
11	弹簧	2
10	复位杆	4
9	推板	1
8	螺钉	6
7	模脚	1
6	支撑板	1
5	型芯固定板	1
4	导柱	4
3	斜滑块	2
2	型芯	1
1	定模板	1
序号	名 称	数量

图 3-46 表格

任务 3.3 绘制零件图并标注尺寸

学习目标

掌握零件图的绘制方法及尺寸标注。

职业技能要求

1. 掌握“绘图”与“编辑”命令在零件图绘制中的应用。
2. 能够进行尺寸标注样式的设置与使用。
3. 能够进行各类“尺寸标注”命令的使用及尺寸的编辑。
4. 能够绘制完整的零件图。

任务描述

绘制零件图，完成各尺寸的标注，如图 3-47 所示。

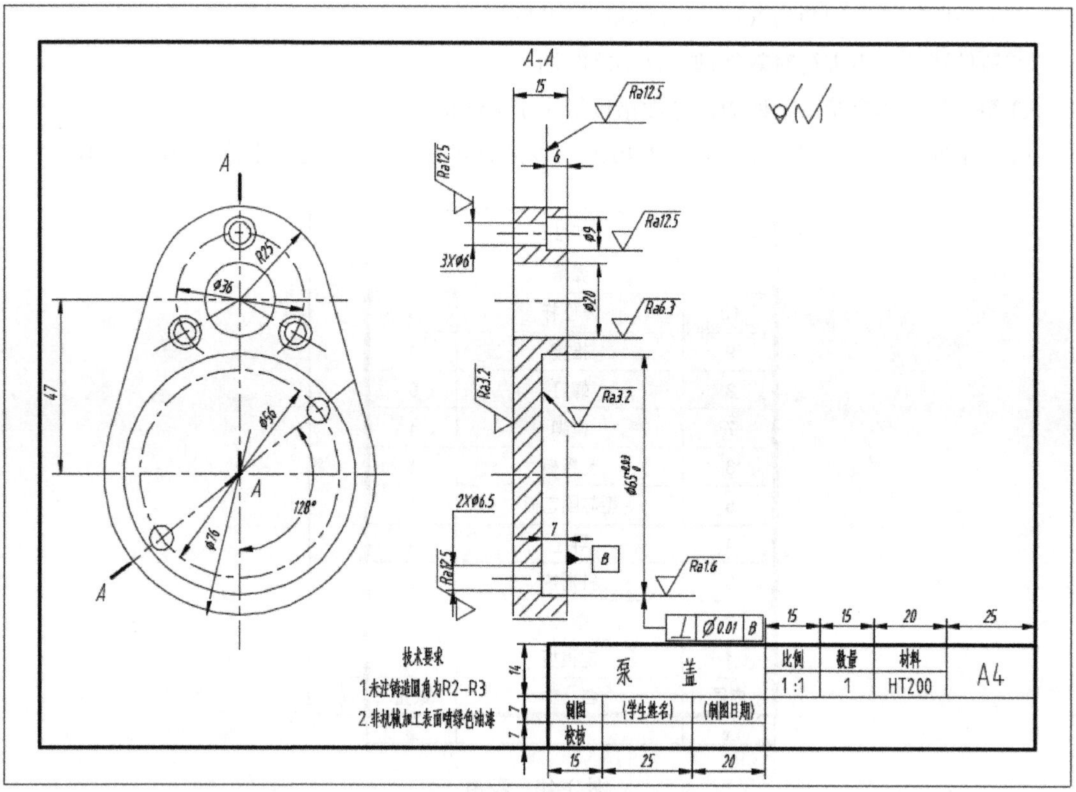

图 3-47　完整零件图

任务分析

图形只能表示物体的形状，而其大小是由标注的尺寸决定的。尺寸标注在工程图纸中是不可缺少的一部分，它是表示物体完整属性的重要成分。

必备知识

一个完整的尺寸标注由四部分组成：尺寸界线、尺寸线、箭头和尺寸文字。因此，尺寸标注是一个实体对象。

（1）尺寸线：用于表示物体的实际尺寸，通常是一条细实线，两端带有箭头。

（2）尺寸界线：用来确定尺寸的测量范围。

（3）尺寸箭头：用来确定尺寸的起止。

（4）尺寸文字：用来确定实体实际尺寸的大小，可以使用 AutoCAD 自动测量值。

3.3.1　尺寸样式

1. 命令

命令行：执行 DIMSTYLE（缩写名：D）命令。
菜单栏：执行“标注”→“标注样式”菜单命令或者执行“格式”→“标注样式”菜单命令。

2. 功能

创建和修改标注样式，设置当前标注样式。

3. 格式

命令：DIMSTYLE ↙。
打开“标注样式管理器”对话框，如图 3-48 所示。

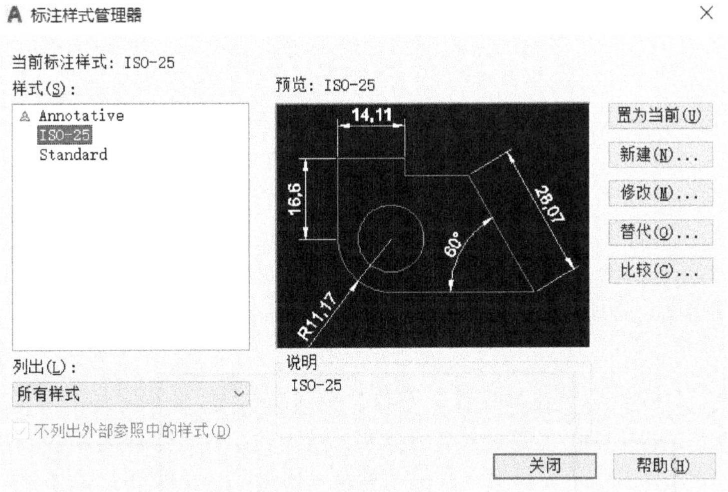

图 3-48　“标注样式管理器”对话框

单击“新建”按钮，打开“创建新标注样式”对话框，如图 3-49 所示。

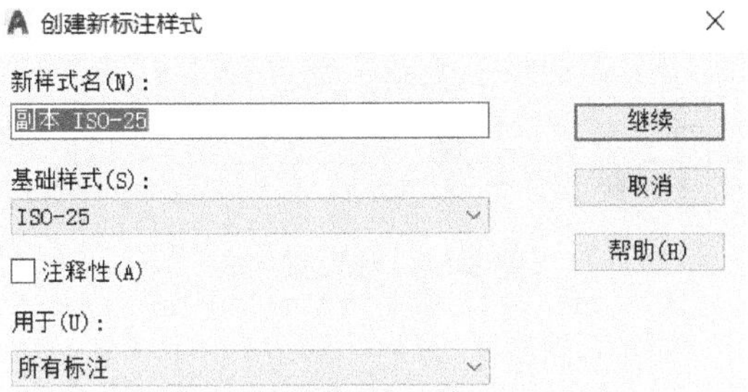

图 3-49　“创建新标注样式”对话框

输入新建样式的名称，单击“继续”按钮，打开“新建标注样式”对话框，如图 3-50 所示。

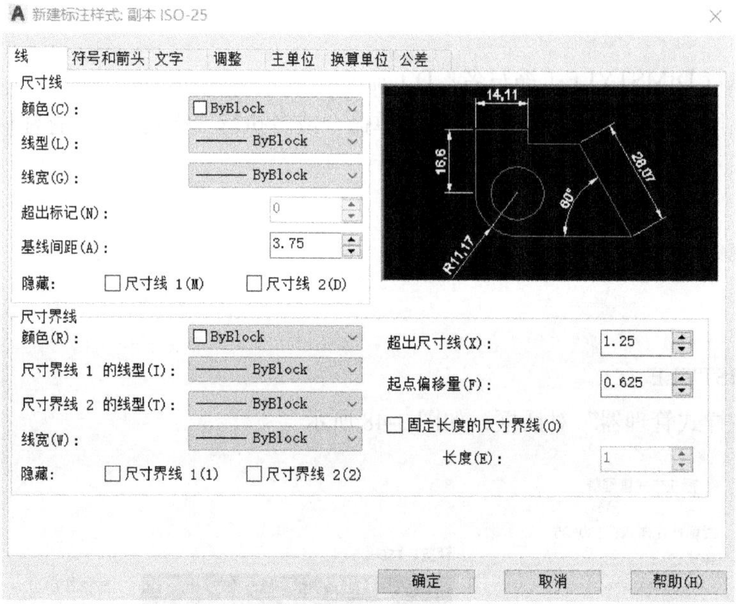

图 3-50　“新建标注样式”对话框

4. 说明

（1）“线”选项卡：各项内容如图 3-51 所示。

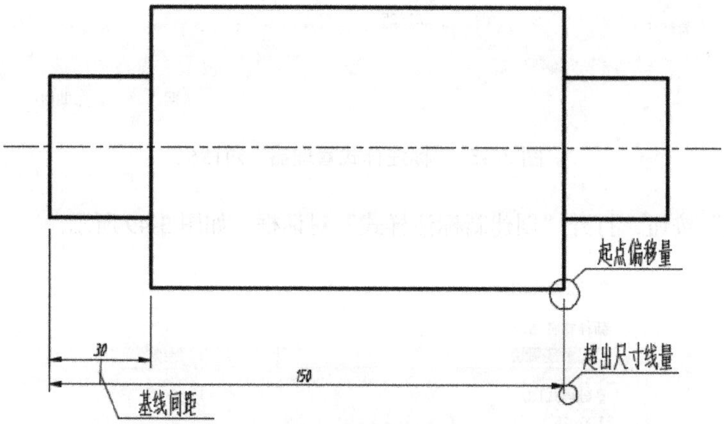

图 3-51　线设置内容

（2）“符号和箭头”选项卡：可以设置箭头的形状和大小、圆心标记的类型和大小、弧长符号、半径标注、折弯等，如图 3-52 所示。

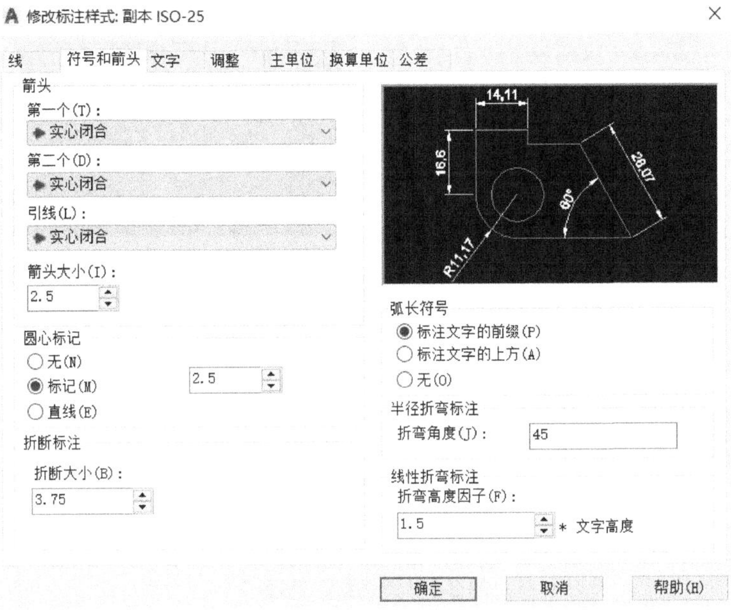

图 3-52　“符号和箭头”选项卡

（3）文字：可以设置文字的外观、位置和对齐方式，如图 3-53 所示。

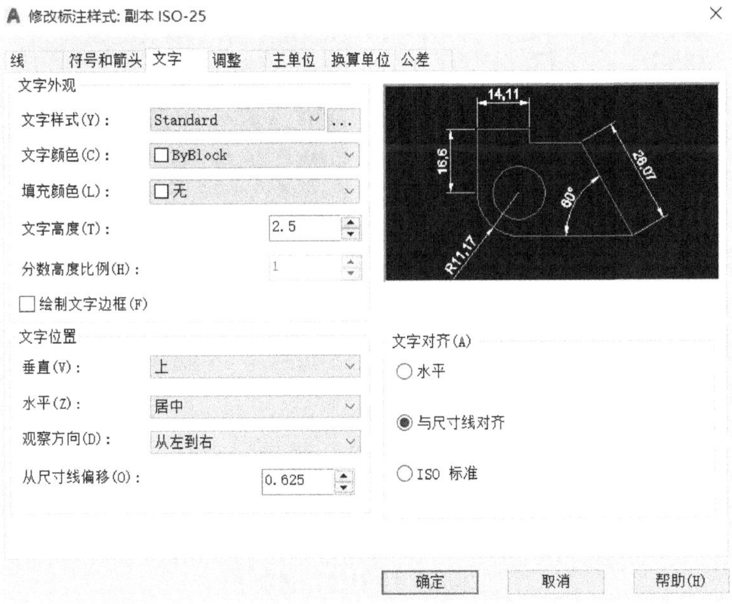

图 3-53　“文字”选项卡

（4）“调整”选项卡：可以设置标注文字、尺寸线、尺寸箭头的位置，如图 3-54 所示。

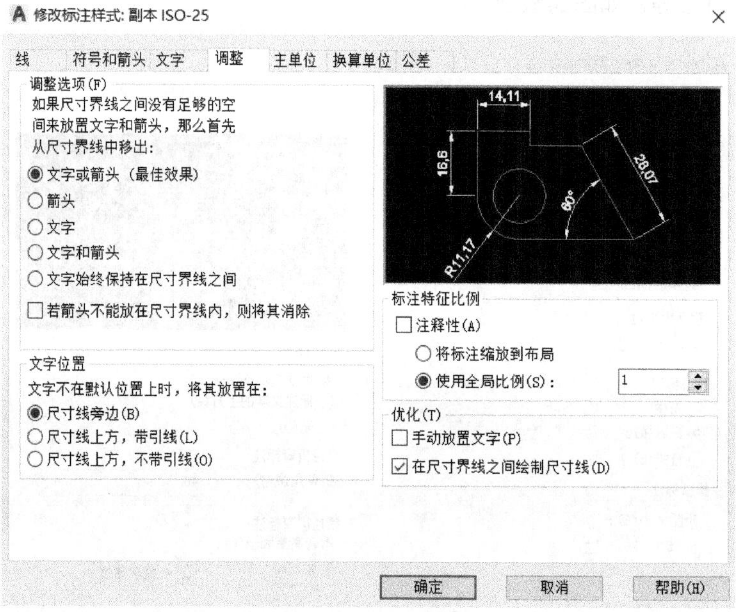

图 3-54 “调整”选项卡

（5）“主单位”选项卡：各参数如图 3-55 所示。

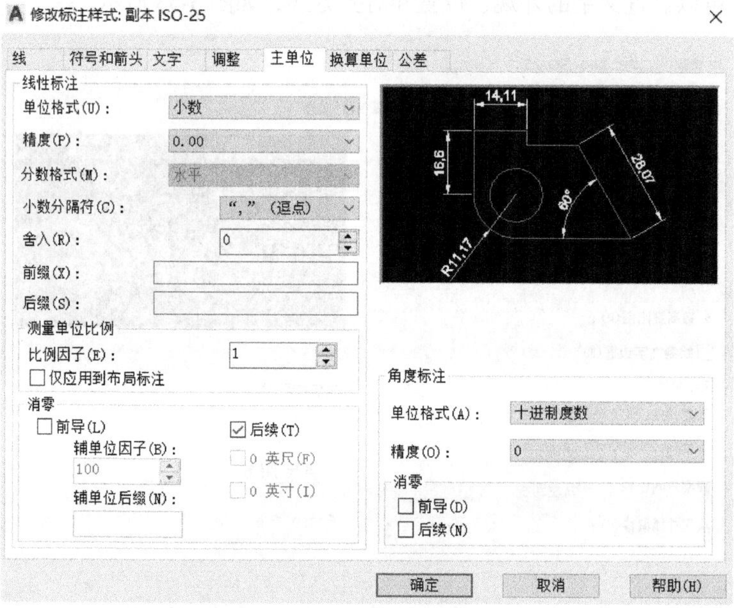

图 3-55 “主单位”选项卡

（6）“换算单位”选项卡：各参数如图 3-56 所示。

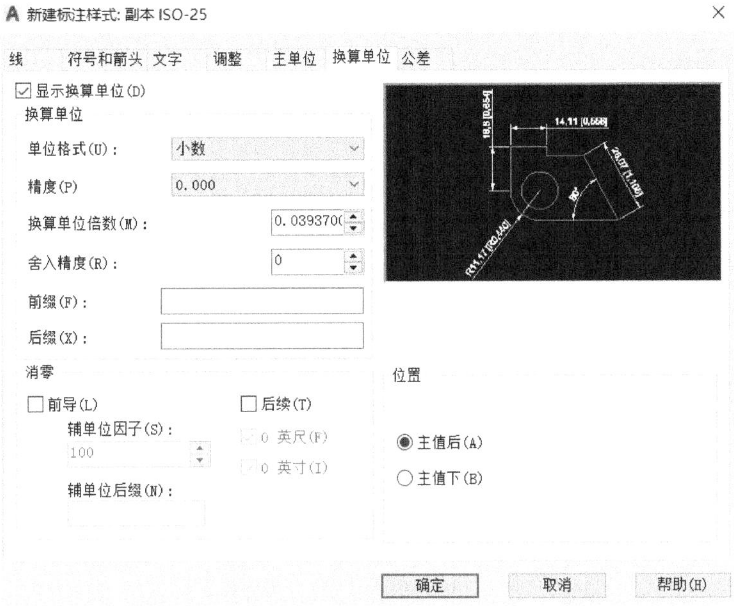

图 3-56　“换算单位”选项卡

（7）“公差”选项卡：各参数如图 3-57 所示。

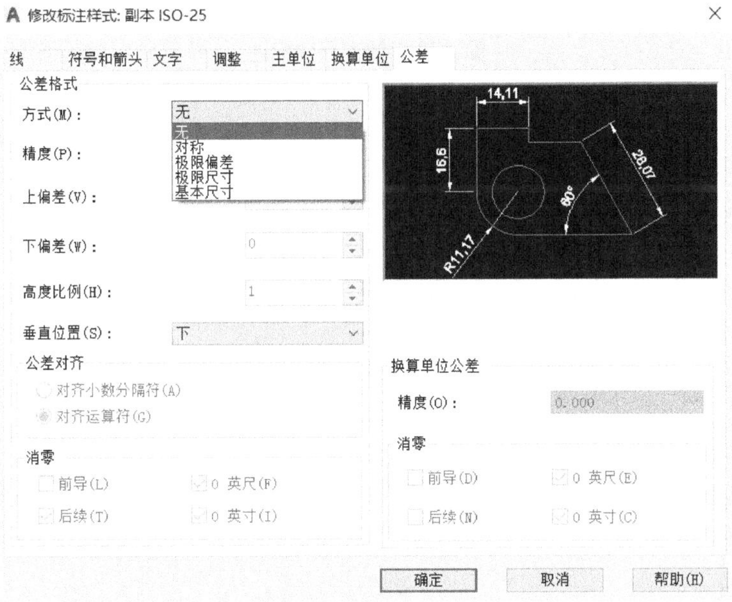

图 3-57　“公差”选项卡

3.3.2 尺寸标注

1. 线性尺寸标注

1）命令

命令行：执行 DIMLINEAR（缩写名：DLI）命令。

菜单栏：执行“标注”→“线性”菜单命令。

图标：单击“标注”工具栏中的 ⊢⊣ 按钮。

2）功能

标注垂直、水平或倾斜的线性尺寸，如图 3-58 所示。

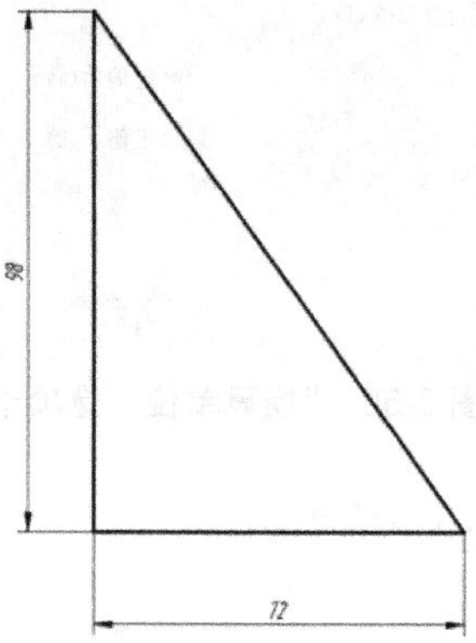

图 3-58 线性尺寸标注

3）格式

命令：DIMLINEAR ↙。

指定第一个尺寸界线原点或<选择对象>:

指定第二个尺寸界线原点：

指定尺寸线位置或[多行文字（M）/文字（T）/角度（A）/水平（H）/垂直（V）/旋转（R）]:

4）说明

（1）在“指定第一个尺寸界线原点或<选择对象>:”提示下，若按 Enter 键，则光标变为拾取框，系统要求拾取一条直线或圆弧对象，并自动取其两端点为两条尺寸界线的起点。

（2）在“指定尺寸线位置或[多行文字（M）/文字（T）/角度（A）/水平（H）/垂直（V）/旋转（R）]:”提示下进行操作。

2. 半径标注

1）命令

命令行：执行 DIMRADIUS（缩写名：DRA 或 DD）命令。

菜单栏：执行“标注”→“半径”菜单命令。

图标：单击“标注”工具栏中的 ◯ 按钮。

2）功能

标注圆或圆弧的半径，并自动带半径符号“R”，如图 3-59 所示。

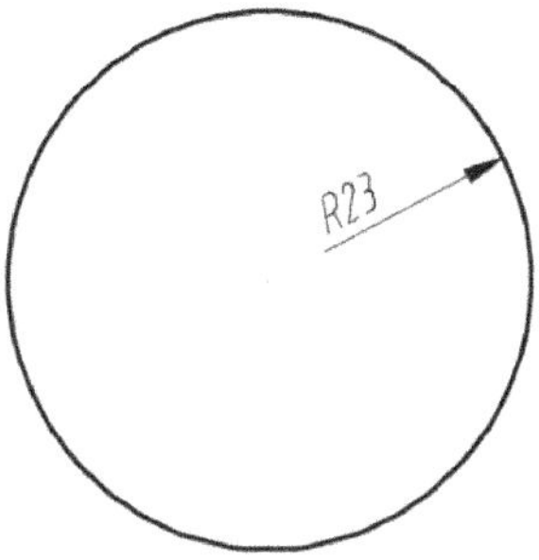

图 3-59　半径标注

3）格式

命令：DIMRADIUS ↙。

选择圆弧或圆：

标注文字=23。

指定尺寸线位置或[多行文字（M）/文字（T）/角度（A）]：

4）说明

命令选项 M、T 和 A 的含义与线性尺寸标注中相应选项相同。

3. 角度标注

1）命令

命令行：执行 DIMANGULAR（缩写名：DAN）命令。

菜单栏：执行“标注”→“角度”菜单命令。

图标：单击“标注”工具栏中的 △ 按钮。

2）功能

用于标注两条直线所夹的角、圆弧的中心角及三点确定的角等角度，如图 3-60 所示。

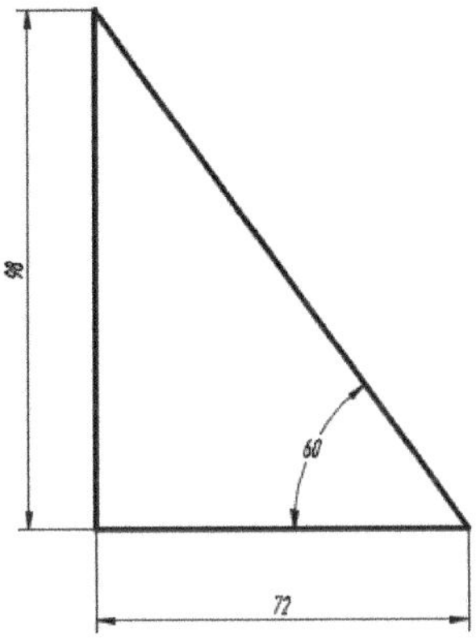

图 3-60　角度标注

3）格式

命令：DIMANGULAR ↙。

选择圆弧、圆、直线或＜指定顶点＞：

选择第二条直线：

指定标注弧线位置或[多行文字（M）/文字（T）/角度（A）/象限点（Q）]：

标注文字=60。

4. 直径标注

1）命令

命令行：执行 DIMDIAMETER（缩写名：DDI）命令。

菜单栏：执行“标注”→“直径”菜单命令。

图标：单击“标注”工具栏中的 按钮。

2）功能

在圆或圆弧上标注直径尺寸，并自动带直径符号“ϕ”，如图 3-61 所示。

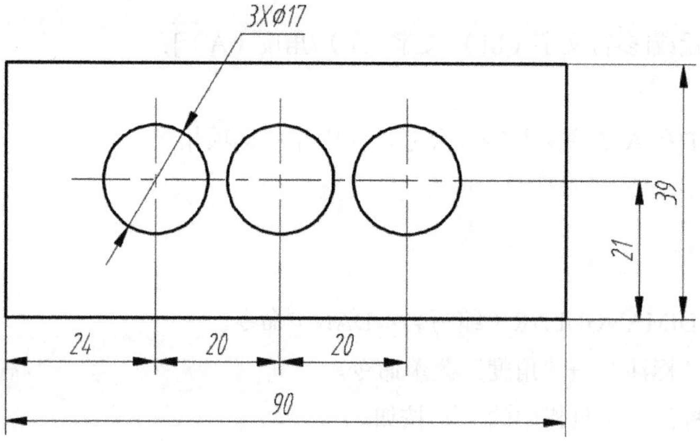

图 3-61　直径标注

3）格式

命令：DIMDIAMETER ↙。

选择圆弧或圆：

标注文字=17。

指定尺寸线位置或[多行文字（M）/文字（T）/角度（A）]：（T）。

输入标注文字＜30＞:（输入 3X＜＞，“＜＞”表示测量值，“3X”为附加前缀）。

指定尺寸线位置或[多行文字（M）/文字（T）/角度（A）]：

4）说明

命令选项 M、T 和 A 的含义与线性尺寸标注中相应选项相同。当选择 M 或 T 选项在多行文字编辑器或命令行修改尺寸文字的内容时，用“＜＞”表示保留 AutoCAD 2018 的自动测量值。

5. 对齐尺寸标注

1）命令

命令行：执行 DIMALIGNED（缩写名：DAL）命令。

菜单栏：执行“标注”→“对齐”菜单命令。

图标：单击“标注”工具栏中的 按钮。

2）功能

标注对齐尺寸，即尺寸线和两条尺寸界线起点连线平行，如图 3-62 所示。

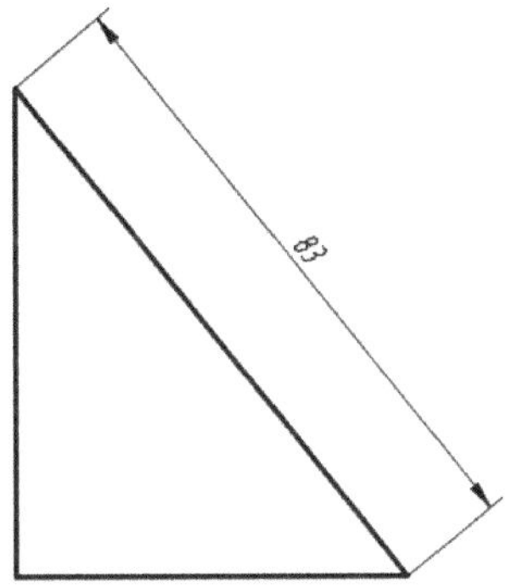

图 3-62　对齐尺寸标注

3）格式

命令：DIMALIGNED ↙。

指定第一个尺寸界线原点或＜选择对象＞：

指定第二个尺寸界线原点：

指定尺寸线位置或[多行文字（M）/文字（T）/角度（A）]：

4）说明

（1）若直接按 Enter 键用拾取框选择要标注的线段，则对齐标注的尺寸线与该线段平行。

（2）命令选项 M、T 和 A 的含义与线性尺寸标注中相应选项相同。

6. 基线标注

1）命令

命令行：执行 DIMBASELINE（缩写名：DBA）命令。

菜单栏：执行“标注”→“基线”菜单命令。

图标：单击“标注”工具栏中的 按钮。

2）功能

用于标注有公共的第一条尺寸界线（作为基线）的一组尺寸线互相平行的线性尺寸或角度尺寸，但必须先标注第一个尺寸后才能使用此命令。

3）格式及示例

命令：DIMBASELINE ↙。

指定第二个尺寸界线原点或[放弃（U）/选择（S）]<选择>:（按 Enter 键，选择作为基准的尺寸标注）。

选择基准标注：[如图 3-63（a）所示，选择 12 间的尺寸标注为基准标注，此时注意选择的位置，选择尺寸标注在 1 这一侧的部分，就以 1 为基准线]。

指定第二个尺寸界线原点或[放弃（U）/选择（S）]<选择>:（指定 3 点标注出尺寸 70）。

标注文字=70。

指定第二个尺寸界线原点或[放弃（U）/选择（S）]<选择>（指定 4 点标注出尺寸 100）。

标注文字=100。

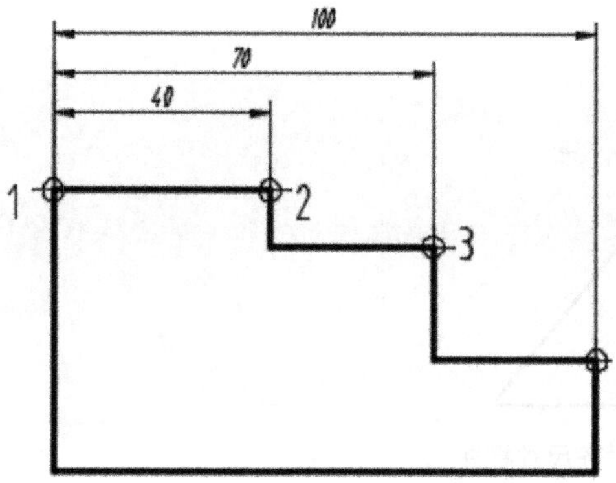

（a）

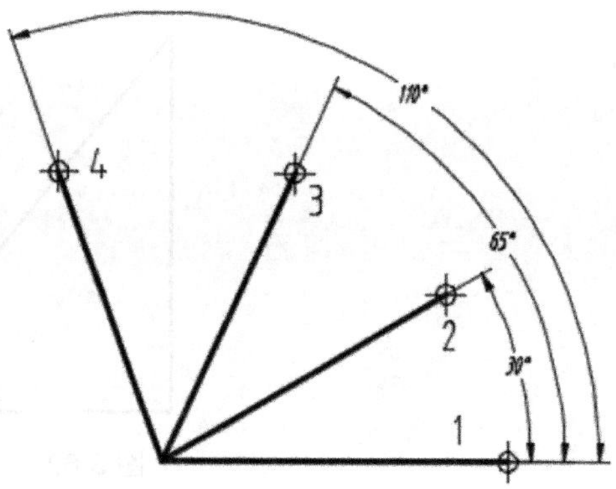

（b）

图 3-63　基线标注

7. 连续标注

1）命令

命令行：执行 DIMCONTINUE（缩写名：DCO）命令。

菜单栏：执行“标注”→“连续”菜单命令。

图标：单击“标注”工具栏中的 ⊢⊣ 按钮。

2）功能

用于标注尺寸线连续或链状的一组线性尺寸和角度尺寸，但必须先标注第一个尺寸后才能使用此命令。

3）格式及示例

命令：DIMCONTINUE ↙。

指定第二个尺寸界线原点或[放弃（U）/选择（S）]<选择>:（按 Enter 键，选择作为基准的尺寸标注）。

选择基准标注：[如图 3-64（a）所示，选择 12 间的尺寸标注为基准标注，此时注意选择的位置，选择 2 这一侧的部分，以 2 为基准线]。

指定第二个尺寸界线原点或[放弃（U）/选择（S）]<选择>:（指定 3 点标注出尺寸 30）。

标注文字=30。

指定第二个尺寸界线原点或[放弃（U）/选择（S）]＜选择＞:（指定 4 点标注出尺寸 30）。
标注文字=30。

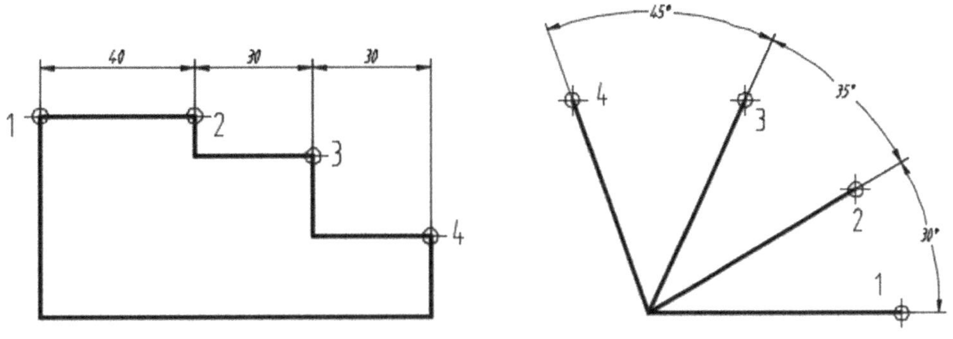

（a）　　　　（b）

图 3-64　连续标注

8. 圆心标记

1）命令

命令行：执行 DIMCENTER（缩写名：DCE）命令。

菜单栏：执行“标注”→“圆心标记”菜单命令。

图标：单击“标注”工具栏中的 ⊕ 按钮。

2）功能

用于给指定的圆或圆弧画出圆心符号。对于小圆，可用此命令画出中心线以此来代替圆心符号。

3）格式及示例

命令：DIMCENTER ↙。

选择圆弧或圆：（选择圆，如图 3-65 所示）。

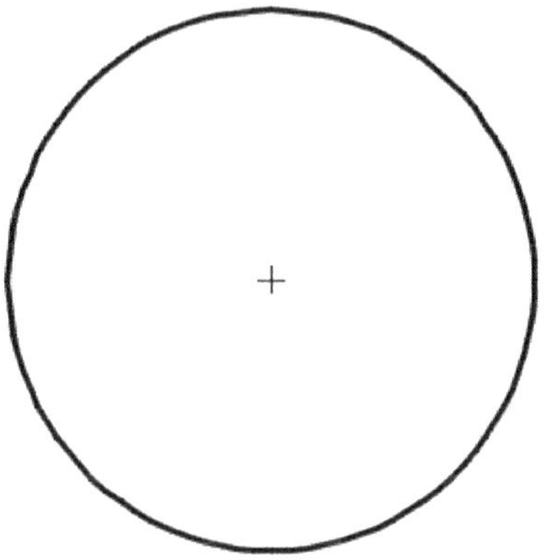

图 3-65　圆心标记

9. 引线标注——LEADER

1）命令

命令行：执行 LEADER（缩写名：LEAD）命令。

2）功能

完成带文字的注释或形位公差标注。

3）格式

命令：LEADER ↙。

指定引线起点：

指定下一点：

指定下一点或[注释（A）/格式（F）/放弃（U）] <注释>：

输入注释文字的第一行或<选项>：（在此提示下，输入一行注释后按 Enter 键）。

输入注释文字的下一行：（在此提示下可继续输入注释，按 Enter 键则结束注释的输入）。

4）说明

（1）若需要改变文字注释的字号、字体等，在提示“输入注释文字的第一行或<选项>：”下按 Enter 键，则打开“多行文字编辑器”对话框，可由此输入和编辑注释。

（2）若需要修改标注格式，在提示“指定下一点或[注释（A）/格式（F）/放弃（U）] <注释>：”下选择“格式（F）”，则后续提示为：

输入引线格式选项[样条曲线（S）/直线（ST）/箭头（A）/无（N）] <注释>：

10. 引线标注——QLEADER

1）命令

命令行：执行 QLEADER（缩写名：LE）命令。

2）功能

快速绘制引线和进行引线标注。

3）格式

命令：QLEADER ↙。

指定第一个引线点或[设置（S）] <设置>：

指定下一点：

指定下一点：

指定文字宽度<0>：

输入注释文字的第一行<多行文字（M）>：

输入注释文字的下一行：

4）说明

（1）在提示“指定第一个引线点或[设置（S）] <设置>：”下按 Enter 键，则打开“引线设置”对话框，如图 3-66 所示。

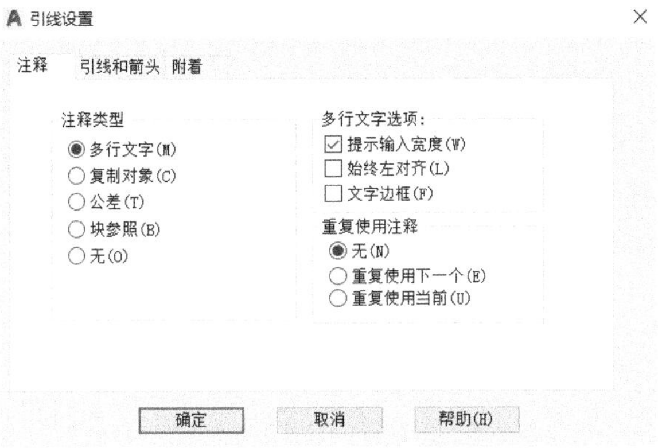

图 3-66　“引线设置”对话框

（2）切换到“引线和箭头”选项卡，如图 3-67 所示，可以设置引线是用直线还是样条曲线绘制、引线的箭头的类型、引线的控制点数、引线的角度等。

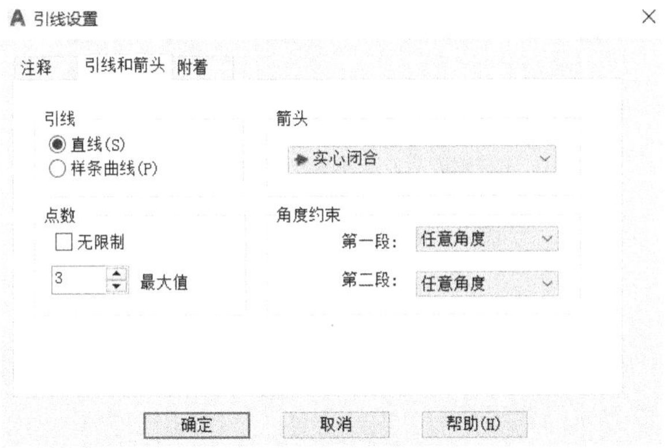

图 3-67　“引线和箭头”选项卡

（3）当引线后选择的是多行文字时，“引线设置”对话框会含有“附着”选项卡，若选择其他类型，则此选项卡不存在，此选项卡可以设置引线相对于文字放置的位置。在机械制图中常用的是“最后一行加下划线”，如图 3-68 所示。

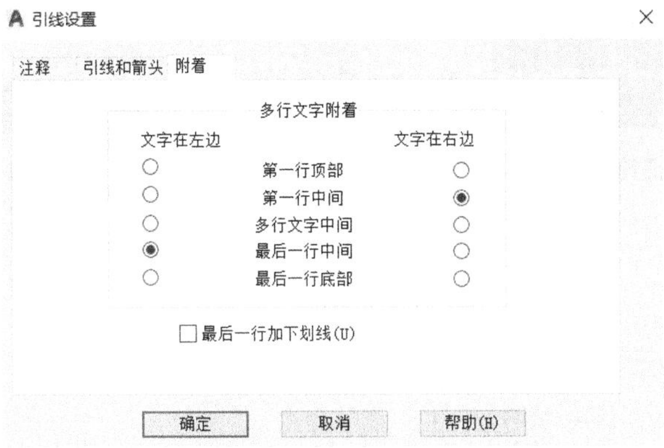

图 3-68　“附着”选项卡

11. 形位公差标注

1）命令

命令行：执行 TOLERANCE（缩写名：TOL）命令。

菜单栏：执行“标注”→“公差”菜单命令。

图标：单击“标注”工具栏中的 ⊕.1 按钮。

2）功能

标注形位公差。

3）格式

命令：TOLERANCE ↙。

打开“形位公差”对话框，如图 3-69 所示。

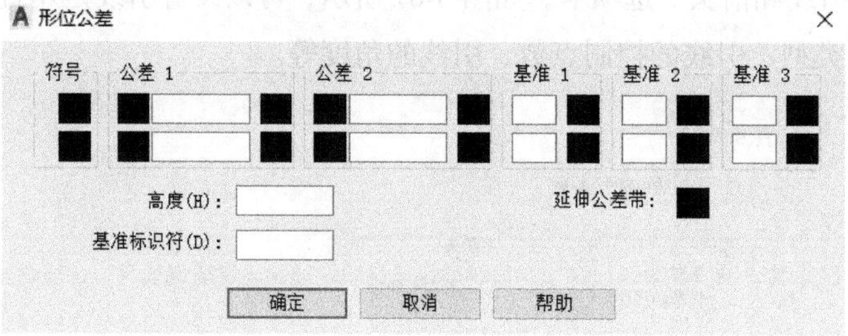

图 3-69 “形位公差”对话框

4）说明

在对话框中，单击“符号”下面的黑色方块，打开“特征符号”对话框，如图 3-70 所示，通过该对话框可以设置形位公差的代号。

在“形位公差”对话框“公差 1”输入区的文本框中输入公差数值，单击文本框左侧的黑色方块可添加直径符号“ϕ”，再单击一下清除；单击文本框右侧的黑色方框则打开“附加符号”对话框，如图 3-71 所示。

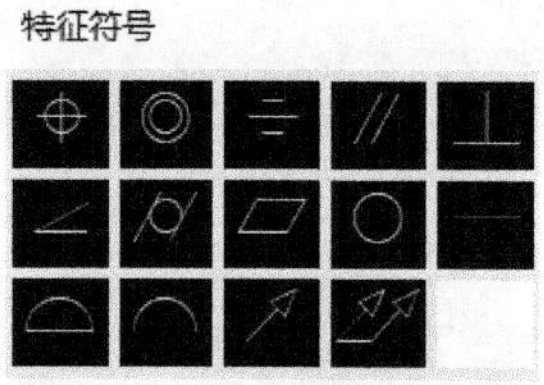

图 3-70 特征符号”对话框

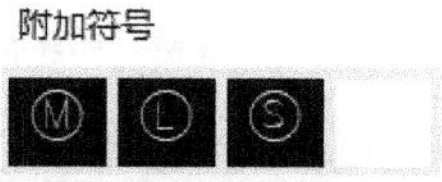

图 3-71 “附加符号”对话框

12. 快速标注

1）命令

命令行：执行 QDIM 命令。

菜单栏：执行“标注”→“快速标注”菜单命令。

图标：单击“标注”工具栏中的 按钮。

2）功能

一次选择多个对象，可同时标注多个相同类型的尺寸。

3）格式

命令：QDIM ↙。

关联标注优先级=端点。

选择要标注的几何图形：（选择要标注的对象，按 Enter 键结束选择）。

指定尺寸线位置或[连续（C）/并列（S）/基线（B）/坐标（O）/半径（R）/直径（D）/基准点（P）/编辑（E）/设置（T）] ＜连续＞：

4）说明

（1）连续（C）：对所选择的多个对象快速生成连续标注，如图 3-72（a）所示。

（2）并列（S）：对所选择的多个对象快速生成尺寸标注，如图 3-72（b）所示。

（3）基线（B）：对所选择的多个对象快速生成基线标注，如图 3-72（c）所示。

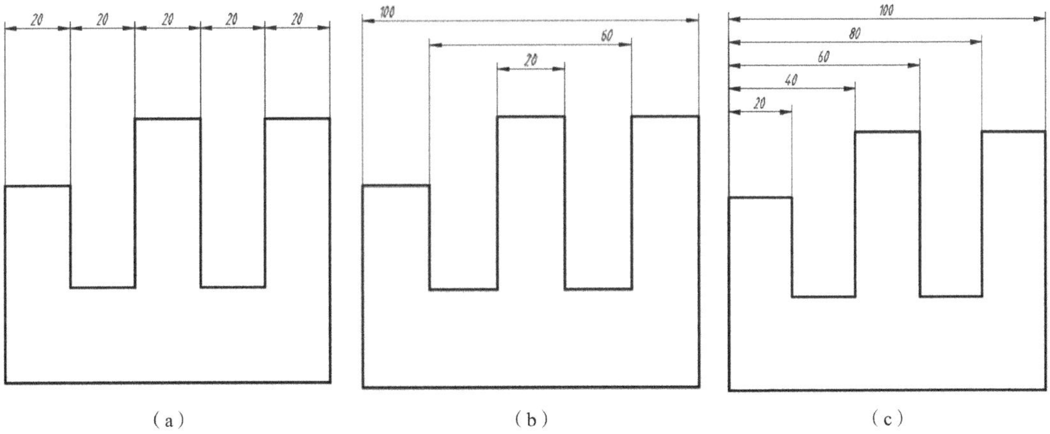

图 3-72　快速生成标注

3.3.3　编辑尺寸标注

1. 标注样式替代

1）命令

命令行：执行 DIMSTYLE 命令。

菜单栏：执行“标注”→“标注样式”菜单命令。

图标：单击“注释”工具栏中的 按钮。

2）功能

替代标注样式，设置当前标注样式。

3）格式

命令：DIMSTYLE ↙。

打开“标注样式管理器”对话框，单击“替代”按钮，设置想要的标注样式，替代当前标注样式。替代标注样式不会影响以前标注出的尺寸，以后标注出的尺寸标注与替代的标注样式相同。若需要取消样式替代，只需要右击“替代样式”并选择“删除”选项即可，如图 3-73 所示。

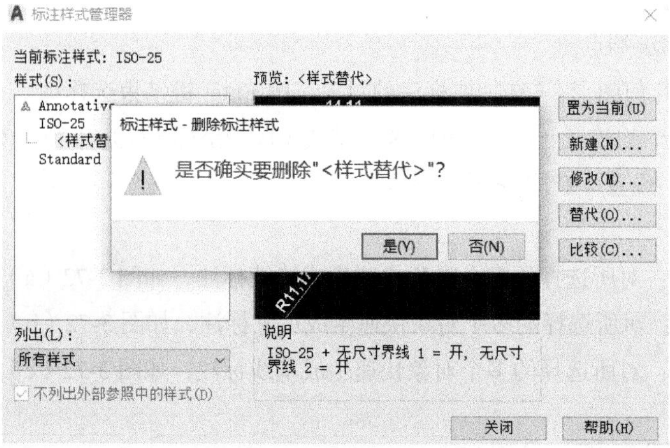

图 3-73 “标注样式管理器”对话框

2. 修改标注的特性

1）命令

命令行：PROPERTIES（缩写名：CH）。

菜单栏：执行“修改”→“特性”菜单命令。

2）功能

修改文字对象的各项特性。

3）格式

命令：PROPERTIES ↙。

打开尺寸标注的“特性”面板，在“特性”面板中选择各选项，修改尺寸标注的参数，如图 3-74 所示。

图 3-74 “特性”面板

3. 修改尺寸标注

1）命令

命令行：执行 DIMEDIT（缩写名：DED）命令。

2）功能

用于修改选定标注对象的文字位置、文字内容和倾斜尺寸界线。

3）格式

（选择要编辑的尺寸标注，再输入特性命令）

命令：DIMEDIT ↙。

输入标注编辑类型[默认（H）/新建（N）/旋转（R）/倾斜（O）] <默认>：

4）说明

（1）默认（H）：将标注文本移动到默认位置。

（2）新建（N）：修改尺寸文本。

（3）旋转（R）：旋转尺寸文本。

（4）倾斜（O）：将线性标注的尺寸界线倾斜，倾斜角度为与 X 轴的夹角。

4. 修改尺寸文字位置

1）命令

命令行：执行 DIMTEDIT 命令。

菜单栏：执行“标注”→“对齐文字”菜单命令。

2）功能

用于移动或旋转标注文字，可动态拖动文字。

3）格式

命令：DIMTEDIT ↙。

选择标注：（选择一个标注对象）。

为标注文字指定新位置或[左对齐（L）/右对齐（R）/居中（C）/默认（H）/角度（A）]：

4）说明

（1）左对齐（L）：沿尺寸线左对齐文本。

（2）右对齐（R）：沿尺寸线右对齐文本。

（3）居中（C）：把标注文本放在尺寸线中心。

（4）默认（H）：把标注文本移到默认位置。

（5）角度（A）：旋转标注文本至指定角度。

5. 修改标注文本

1）命令

命令行：执行 DDEDIT（缩写名：ED）命令。

菜单栏：执行“修改”→“对象”→“文字”→“编辑”菜单命令。

2）功能

修改尺寸标注中的文本信息。

3）格式

命令：DDEDIT ↙。

选择注释对象或 [放弃（U）/模式（M）]：

4）说明

该命令可以用于修改文字、尺寸标注文本等。

任务实现操作

1. 设置绘图环境

按照如下要求完成设置过程：

（1）在桌面建立一个以“学号+姓名”为名称的文件（不要建立文件夹）。按 1:1 比例绘制 A3 图纸幅面（420×297）的细实线边框，在其内部绘制图框，不带装订边。

（2）按表 3-3 中的要求建立图层：

表 3-3　图层参数

名称	颜色	线型	线宽	说明
0	白色	Continuous	0.5	画粗实线
02 细实线	绿色	Continuous	0.25	画细实线、细波浪线
03 点划线	红色	Conntinu	0.25	画轴线、对称线、中心线
04 虚线	黄色	Hidden	0.25	画虚线
05 剖面线	青色	Continuous	0.25	画剖面线
06 标注	绿色	Continuous	0.25	画尺寸、文字、特殊符号

（3）设置文字样式。

①样式 1——样式名：汉字；字体名：gbenor.shx；使用大字体；大字体：gbcbig.shx；高度：5；倾斜角度 0（用来书写汉字，且放在标注层）。

②样式 2——样式名：字母数字；字体名：isocp.shx；高度：3.5；使用大字体 gbcbig.shx；宽度比例：0.7；倾斜角度 15（用来书写字母和数字，且放在标注层）。

（4）设置标注样式。

①样式名：一般标注。

②根据要求建立角度标注样式，文字对齐方式为水平。

2. 绘图过程

绘图过程不作详解。注意三视图的对等关系，即“高平齐”“长对正”“宽相等”。

3. 零件图的标注

零件图的标注是一项烦琐的标注。

注意：零件图的尺寸标注，最忌讳的就是看到一个标注一个，一定要按照先简单，再复杂的顺序进行标注。

能力训练

1. 知识巩固

（1）怎样进行尺寸标注样式的设置？

（2）标注零件图之前的准备工作有哪些？

2. 实践操作

绘制并标注以下零件图，如图 3-75 所示。

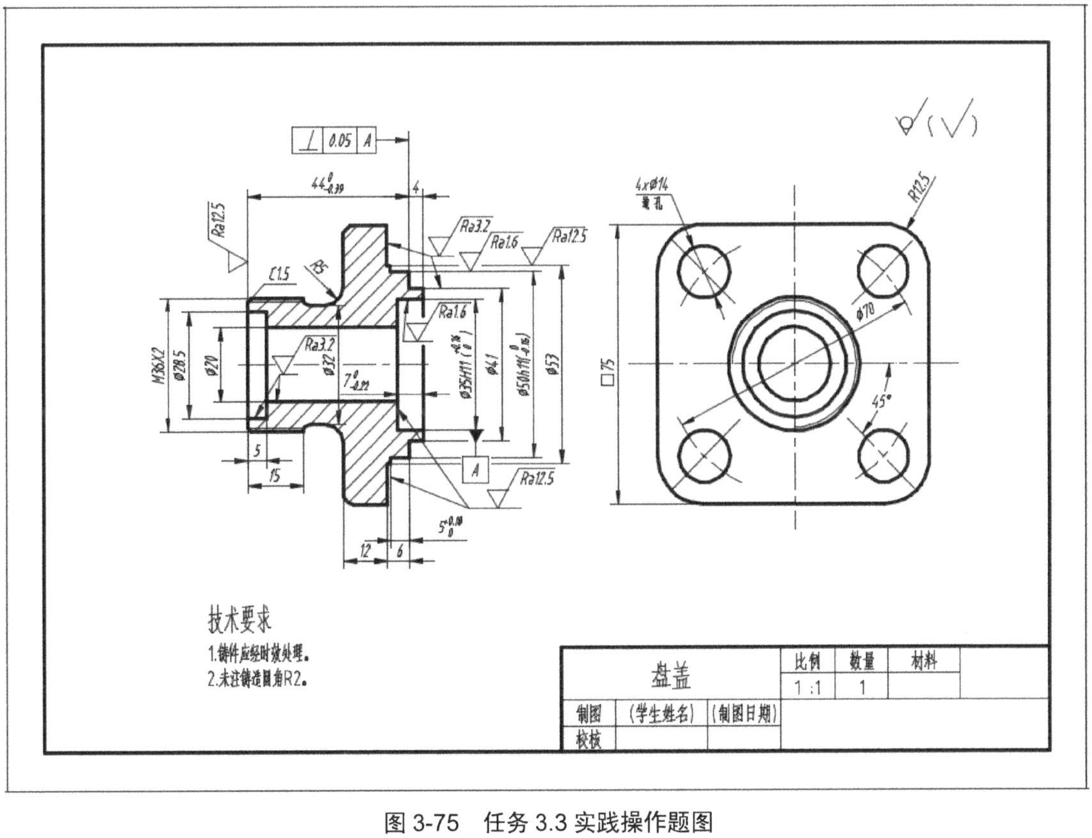

图 3-75　任务 3.3 实践操作题图

项目四　绘制装配图

任务 4.1　创建带属性的粗糙度符号块

学习目标

掌握块的创建及使用方法。

职业技能要求

1. 掌握块的插入方法。
2. 能够创建内部块和外部块，并能对块属性进行编辑。

任务描述

利用块创建粗糙度符号，如图 4-1 所示。

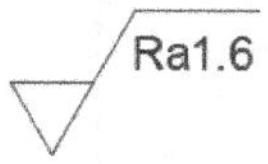

图 4-1　粗糙度符号

任务分析

块（Block）是组成复杂图形的一组几何图形的集合，它是 AutoCAD 提供给用户的非常实用的一种工具。对于在绘图中反复出现的“图形”，不必再花费时间重复绘制，而只需将它们定义成一个块，在需要的位置插入它们。还可以给块定义属性，在插入时填写可变信息，同时节省存储空间。

4.1.1　创建块

1. 创建内部块

1）命令

命令行：BMAKE、BLOCK（缩写名：B）。

菜单栏：执行“绘图”→“块”→“创建”菜单命令。

图标：单击“块”工具栏中的 按钮。

2）功能

将多个图形与属性合并成一个对象。

3）格式

命令：BMAKE ↙。

弹出“块定义”对话框，如图 4-2 所示。

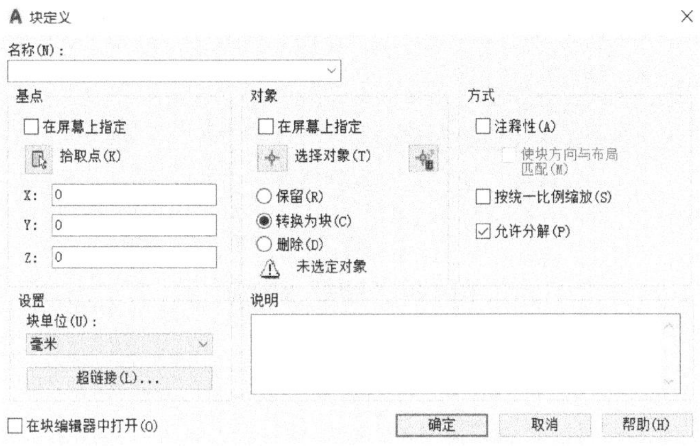

图 4-2 “块定义”对话框

4）说明

（1）名称：在“名称”文本框中指定块名，它可以是由中文、字母、数字和下划线构成的字符串。

（2）基点：在块插入时作为参考点。可以用两种方式指定基点，一是单击“拾取点”按钮，在图形窗口给出一点；二是直接输入基点的 X、Y 和 Z 坐标值。

（3）对象：指定定义在块中的对象。可用构造选择集的各种方式，将组成块的对象放入选择集。

（4）方式：可以指定块的注释内容，也可以选择是否按统一比例缩放和是否允许分解块。

（5）设置：可以指定块插入单位。

2. 创建外部块

1）命令

命令行：执行 WBLOCK（缩写名：W）命令。

2）功能

将当前图形中的块或图形存为图形文件，以便其他图形文件引用。

3）格式

命令：WBLOCK ↙。

弹出“写块”对话框，如图 4-3 所示。

4）说明

外部块和一般图形文件的区别：都是.DWG 文件，格式相同，但在生成与使用时略有不同。

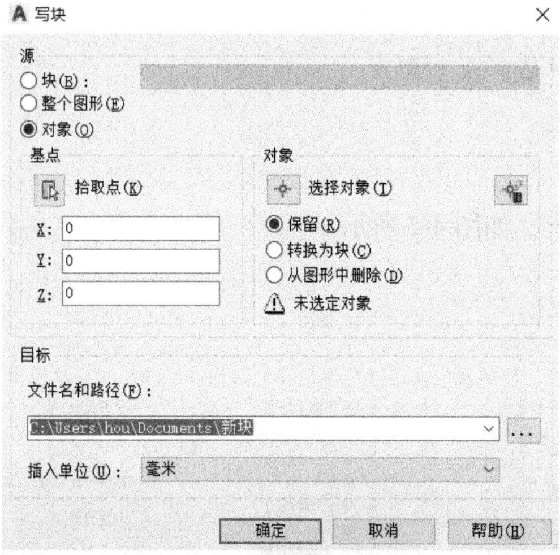

图 4-3 “写块”对话框

4.1.2 插入块

1. 命令

命令行：执行 INSERT（缩写名：I）命令。

菜单栏：执行“插入”→“块”菜单命令。

图标：单击“块”工具栏中的 按钮。

2. 功能

将创建的块调用到图形当中。

3. 格式及示例

命令：INSERT ↙。

打开“插入”对话框，如图 4-4 所示。将块按指定位置插入当前图中。插入时可改变图形的 X、Y、Z 方向比例和旋转角度，效果如图 4-5 所示。

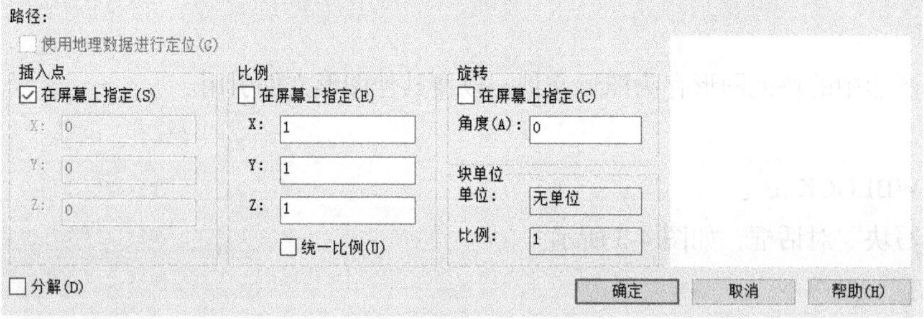

图 4-4 “插入”对话框

图 4-5　效果图

4. 说明

（1）“名称”：用于显示要插入的块的名称。可以单击“浏览”按钮选择已存盘的块或者图形。

（2）“插入点”：用于确定块的插入点，插入块时该点与块的基点重合。

（3）“比例”：用于指定插入块时的缩放比例。

（4）“旋转”：用于指定插入块时的旋转角度。

（5）“块单位”：用于显示块单位的信息。

（6）“分解”：选中此复选框，则在插入块的同时将其分解，插入图形中的块不再是整体，可对每个对象单独进行编辑。

4.1.3　定义属性

1. 命令

命令行：执行 ATTDEF（缩写名：ATT）命令。

菜单栏：执行“绘图”→“块”→“定义属性”菜单命令。

2. 功能

将块中经常需要修改的文本信息通过“属性定义”对话框定义成属性。

3. 格式

命令：ATTDEF ↙。

打开“属性定义”对话框，如图 4-6 所示。

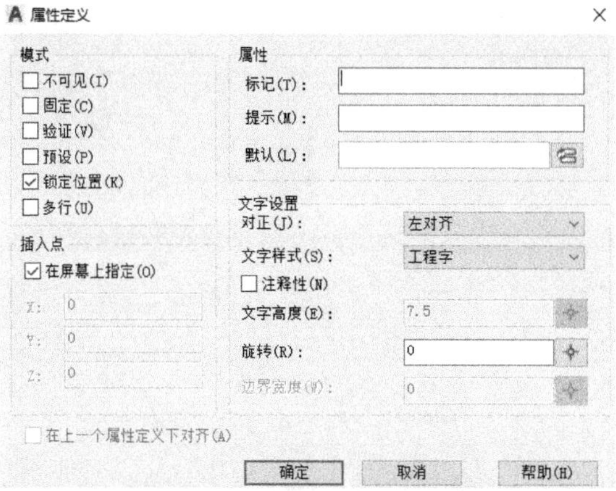

图 4-6 “属性定义”对话框

4. 说明

1）模式

（1）不可见：定义的属性在图中不显示。

（2）固定：定义的属性为恒定值，插入块时不显示属性信息，也不能修改该属性值。

（3）验证：输入属性值时要验证该值是否正确。

（4）预设：将属性的值设为默认值，以后插入块时不再提示输入此属性值，而自动填入默认值。

（5）锁定位置：当插入块时系统自动锁定块参照中属性的位置。

（6）多行：插入块的属性值可以包含多行文字。

2）属性

（1）标记：指要定义的属性的名称。

（2）提示：用于插入块时提示输入属性值的信息，如不输入，则以属性的标记作为提示。

（3）值：预先输入的值，也就是属性的默认值，若不输入，则表示该属性无默认值。

4.1.4 修改块属性

1. 命令

命令行：执行 ATTEDIT（缩写名：ATE）命令。

菜单栏：执行“修改”→“对象”→“属性”→“单个”菜单命令。

2. 功能

修改块中属性的值。

3. 格式

命令：ATTEDIT ↙。

选择块：（拾取要修改属性值的块）。

打开“增强属性编辑器”对话框，如图 4-7 所示。

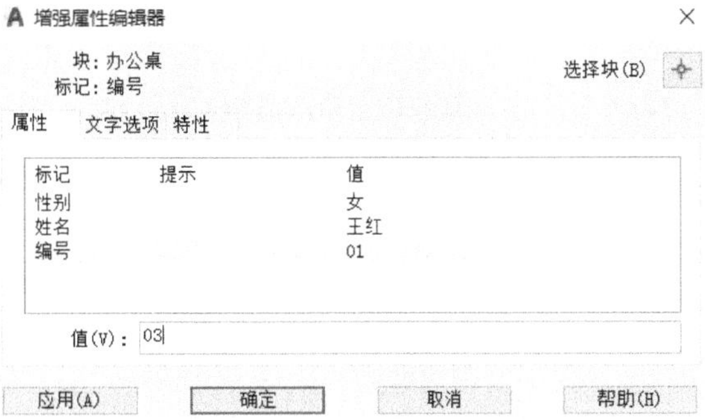

图 4-7 “增强属性编辑器”对话框

任务实现操作

（1）利用“多段线”命令绘制表面粗糙度符号，如图 4-8 所示。

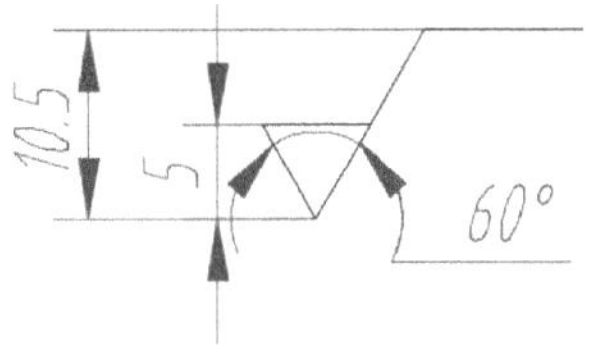

图 4-8 表面粗糙度符号

（2）执行“绘图”→“块”→“定义属性”菜单命令，打开“属性定义”对话框。

（3）在“属性”选项组中输入属性的标记、提示说明及默认值；在“文字设置”选项组中设置属性的对正方式、文字样式及文字高度等参数，如图 4-9 所示。

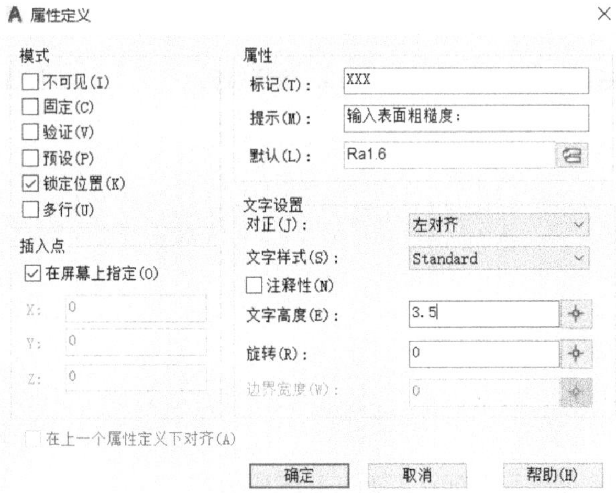

图 4-9 设置块属性

（4）单击“属性定义”对话框中的“确定”按钮，效果如图 4-10 所示。

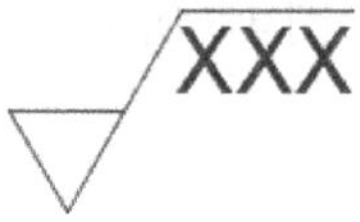

图 4-10　插入结果

（5）单击“绘图”工具栏中的“创建块”按钮，打开“块定义”对话框，如图 4-11 所示。输入名称，选择拾取点（见图 4-12），选择对象（见图 4-13），单击“确认”按钮完成设置，如图 4-14 所示。

图 4-11　设置“块定义”参数

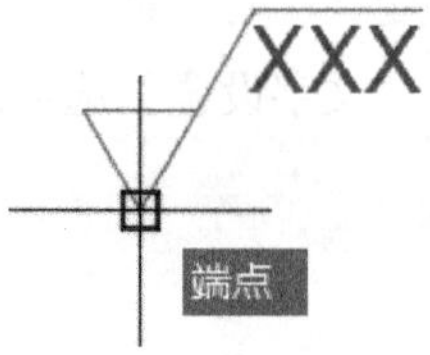

图 4-12　捕捉块基点

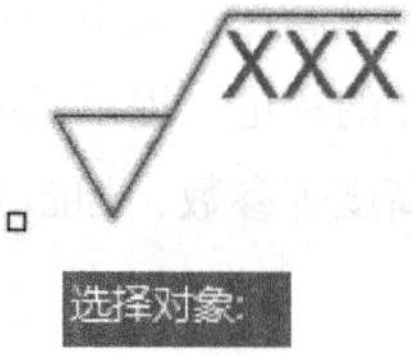

图 4-13　选择对象

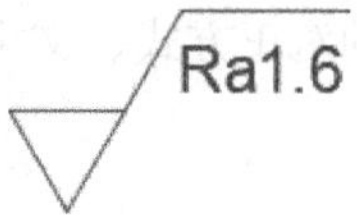

图 4-14　粗糙度符号

能力训练

1. 知识巩固

（1）如何创建块？

（2）如何修改块的属性值？

2. 实践操作

利用本节所学知识，创建基准符号，如图 4-15 所示。

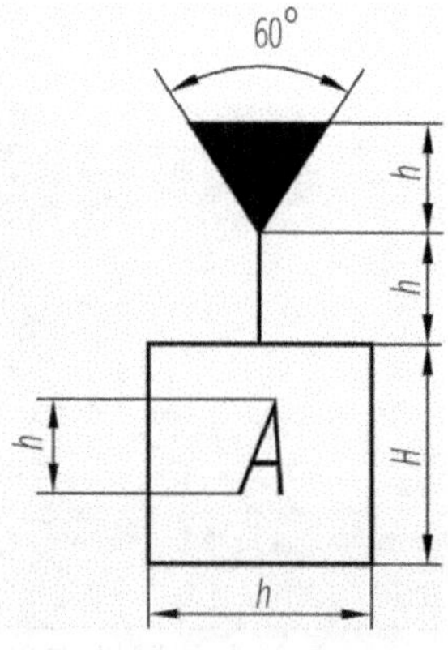

图 4-15　实践操作题图

任务 4.2　绘制千斤顶装配图

学习目标

掌握利用外部参照创建机械类装配图的方法。

职业技能要求

1. 掌握装配图的基本理论内容。
2. 能够使用“外部参照”命令进行图形的附着。
3. 能够利用“外部参照”命令进行装配图的创建。
4. 掌握“设计中心”的使用方法。

任务描述

利用“外部参照”命令将各零件组装成图 4-16 所示的千斤顶装配图。

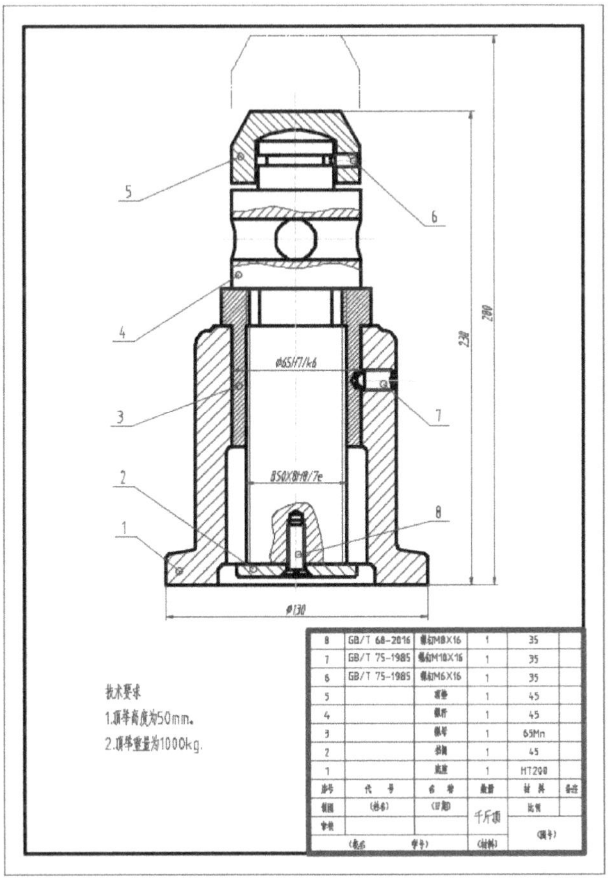

图 4-16　千斤顶装配图

任务分析

利用“基点”命令创建各零件的基点，然后通过“外部参照”命令将各零件添加装配至图形中，最后再配合“复制”“镜像”及“修剪”命令最终完成图形的创建。

4.2.1 装配图基础知识

想一想，装配图是什么样子呢？

1. 装配图概念

装配图是表达机器（或部件）中各零件之间装配关系、连接方式、工作原理及主要零件结构形状的技术图样，在设计产品时，一般先画出装配图，然后根据装配图设计零件的具体结构，绘制零件图。零件制成后，根据装配图将零件装配成机器（或部件）。

2. 装配图类型

1）设计装配图

是在设计产品时，用于表达机器（或部件）中各零件之间装配关系、连接方式、工作原理的装配图。

2）部件装配图

用于指导零件或部件装配，只表达各零件之间的装配关系，不需详细表达零件的结构形状。

3）安装装配图

用于指导零件或部件安装，只表达机器或部件的安装位置。

3. 装配图内容

一张完整的装配图应包括以下几方面的内容：

（1）一组图形。

（2）尺寸。

（3）技术要求。

（4）零件序号和明细表。

（5）标题栏。

4. 装配图表达方法

（1）规定画法。

（2）特殊画法。

（3）假想画法。

（4）简化画法。

（5）夸大画法。

4.2.2　外部参照

1. 命令

菜单栏：执行“插入”→“外部参照”菜单命令。

2. 功能

将选择的图形文件以参照形式插入当前图形文件中。

3. 格式及示例

执行“插入”→“外部参照”菜单命令，将打开“外部参照”面板，如图 4-17 所示。单击“附着 DWG”按钮，打开“选择参照文件”对话框，如图 4-18 所示。选择参照文件后，将打开“附着外部参照”对话框，利用对话框可以将图形文件以外部参照的形式插入当前图形中，如图 4-19 所示。

图 4-17　“外部参照”面板

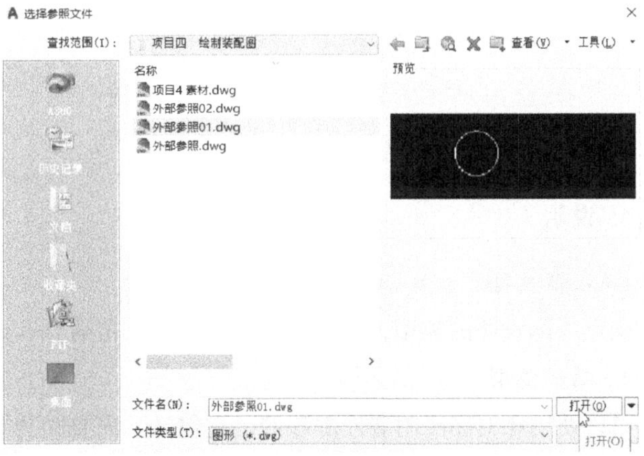

图 4-18　“选择参照文件”对话框

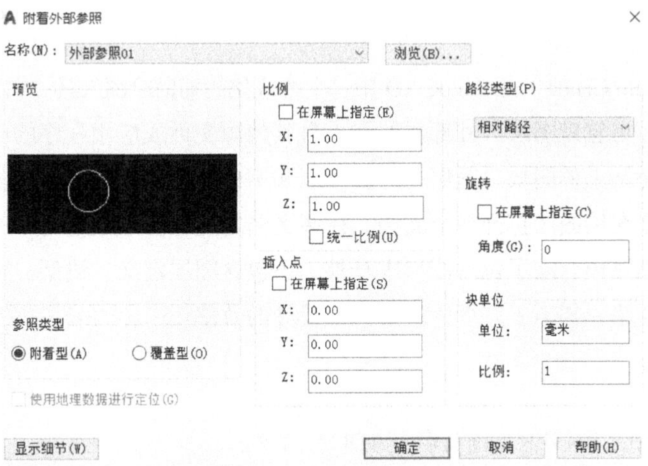

图 4-19　“附着外部参照”对话框

示例：使用如图 4-20 所示的图形创建一个图形。图中的图形文件分别为外部参照“01.dwg”和“02.dwg”，其中心点都是坐标原点（0,0）。

（1）执行“文件”→“新建”菜单命令，新建一个文件。

（2）执行“插入”→“外部参照”菜单命令，打开“外部参照”面板，单击“附着 DWG”按钮，打开“选择参照文件”对话框，选择“01.dwg”，然后单击“打开”按钮。

（3）打开“附着外部参照”对话框，在“参照类型”选项组中选中“附着型”单选按钮，在“插入点”选项组中确认当前坐标 X、Y、Z 均为 0，然后单击“确定”按钮，将外部参照文件“01.dwg”插入文档中。

（4）重复步骤（2）和（3），将外部参照文件“02.dwg”插入文档中，结果如图 4-21 所示。

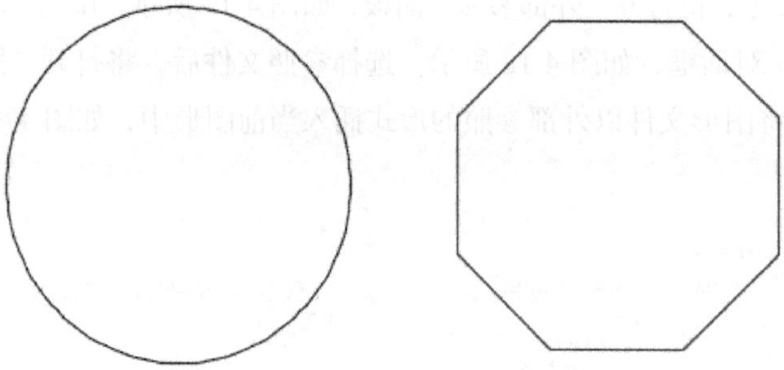

图 4-20　外部参照“01.dwg”和“02.dwg”

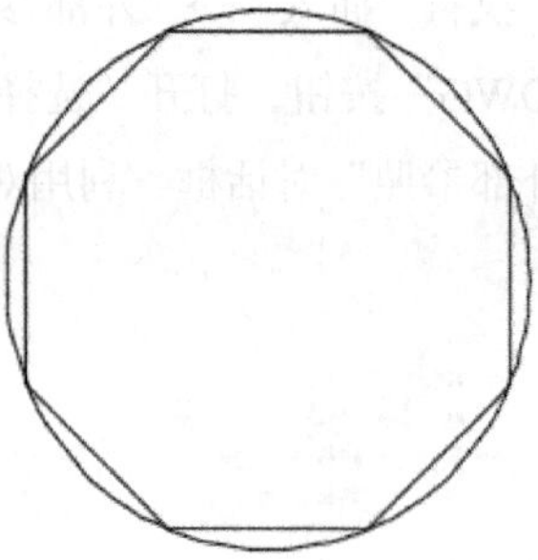

图 4-21　插入外部参照文件的结果

4. 说明

1）参照类型

确定外部参照的类型，包括“附着型”和“覆盖型”两种类型。

2）路径类型

可以使用相对路径附着外部参照，它包括“完整路径”“相对路径”和“无路径”三种类型。

4.2.3 设计中心

设计中心（Design Center）是 AutoCAD 中一个集成化的辅助绘图工具，它有着类似于 Windows 资源管理器的界面，可管理图块、外部参照及来自其他源文件或应用程序的内容，将位于本地计算机、局域网或因特网上的图块、图层、外部参照和用户自定义的图形内容复制并粘贴到当前绘图区中。同时，如果在绘图区打开多个文档，在多文档之间也可以通过简单的拖放操作来实现图形的复制和粘贴。粘贴内容除了包含图形本身外，还包含图层定义、线型、字体等内容。这样资源可得到再利用和共享，提高了图形管理和图形设计的效率。

1. 命令

命令行：执行 ADCENTER（缩写名：ADC）命令。

菜单栏：执行“工具”→“选项板”→“设计中心”菜单命令。

图标：单击“标准”工具栏中的按钮。

快捷键：按 Ctrl+2 快捷键。

2. 功能

通过设计中心可以浏览、查找、预览及管理 AutoCAD 的图形文件、块参照、外部参照等不同的资源文件。同时，设计师也可以直接使用鼠标拖曳方式，将各种路径下的图纸、线型、文字样式、块、外部参照等插入当前绘图中。使已有资源得以重复利用，而无需重新设置，从而提高了图形管理和图形设计的效率。

3. 格式

命令：ADCENTER ↙。

弹出“设计中心”面板，如图 4-22 所示。

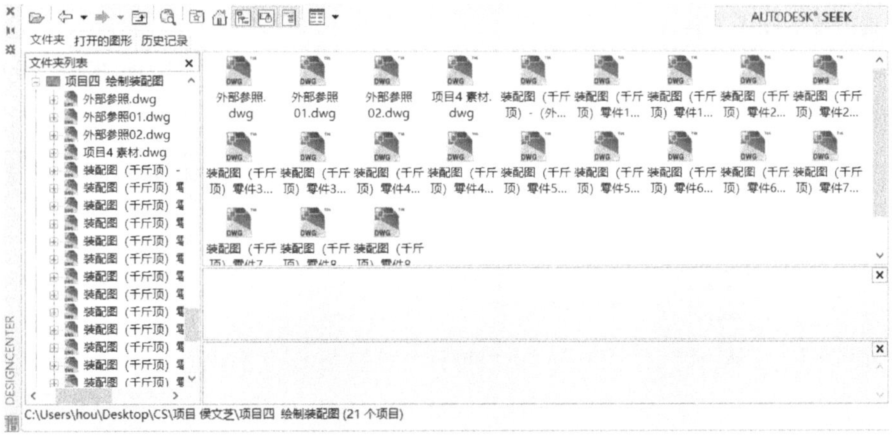

图 4-22 “设计中心”面板

单击“打开的图形”选项卡，可进行块、图层等的插入，如图 4-23、4-24 所示。

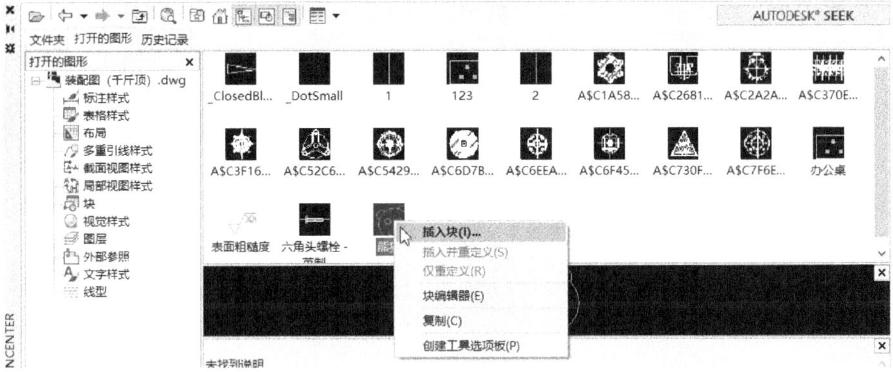

图 4-23 插入块

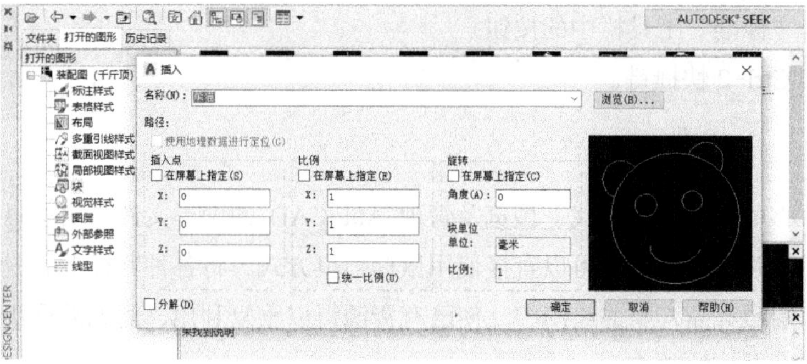

图 4-24 “插入”对话框

4. 说明

1）选项卡

（1）“文件夹”选项卡：设计中心的左侧是树形的文件夹列表，和资源管理器类似，可以很方便地找到需要的图纸文件。

（2）“打开的图形”选项卡：显示在当前环境中打开的所有图形，其中包括最小化的图形，如图 4-25 所示。

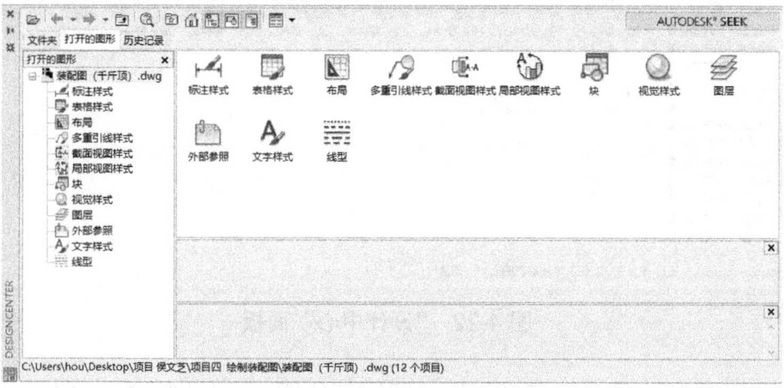

图 4-25 “打开的图形”选项卡

（3）“历史记录”选项卡：显示用户最近访问的文件，包括这些文件的具体路径，如图 4-26 所示。

图 4-26 “历史记录”选项卡

2）工具栏

“设计中心”面板顶部有一系列工具栏，如图 4-27 所示。

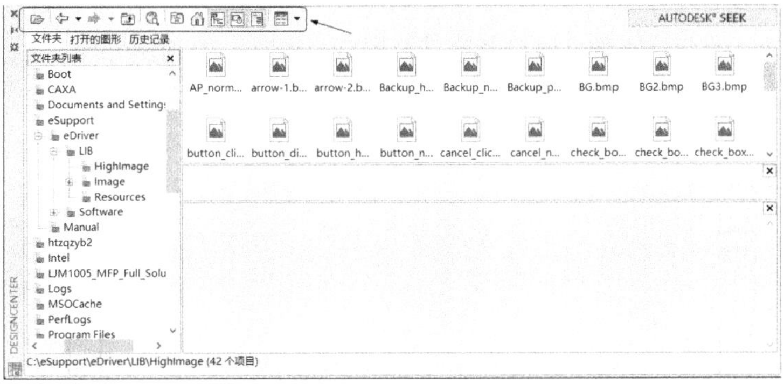

图 4-27 “设计中心”工具栏

（1）“加载”按钮：加载对象。单击该按钮，打开“加载”对话框，用户可以利用该对话框从 Windows 桌面、收藏夹或 Internet 网页中加载文件，如图 4-28 所示。

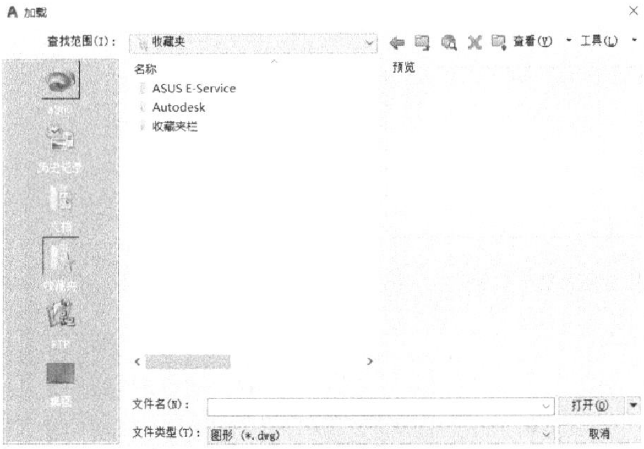

图 4-28 “加载”对话框

（2）“搜索”按钮：查找对象。单击该按钮，打开“搜索”对话框，如图 4-29 所示。

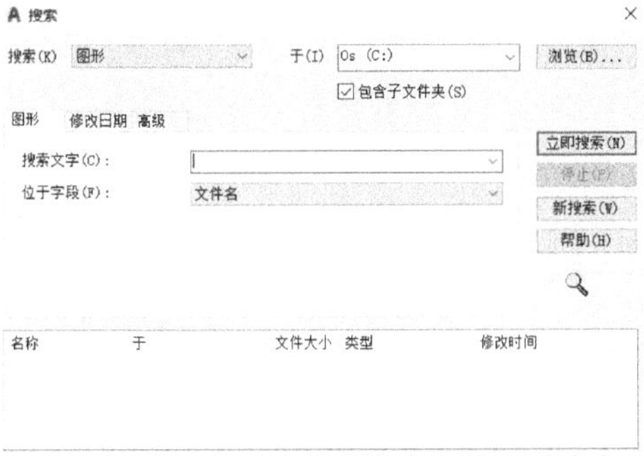

图 4-29 “搜索”对话框

（3）“主页”按钮：快速定位到设计中心文件夹中。

任务实现操作

（1）绘制千斤顶各零件图，分别为零件 1 底座 、零件 2 挡圈、零件 3 螺母、零件 4 螺杆、零件 5 顶垫、零件 6 螺钉、零件 7 螺钉和零件 8 螺钉，如图 4-30 所示。

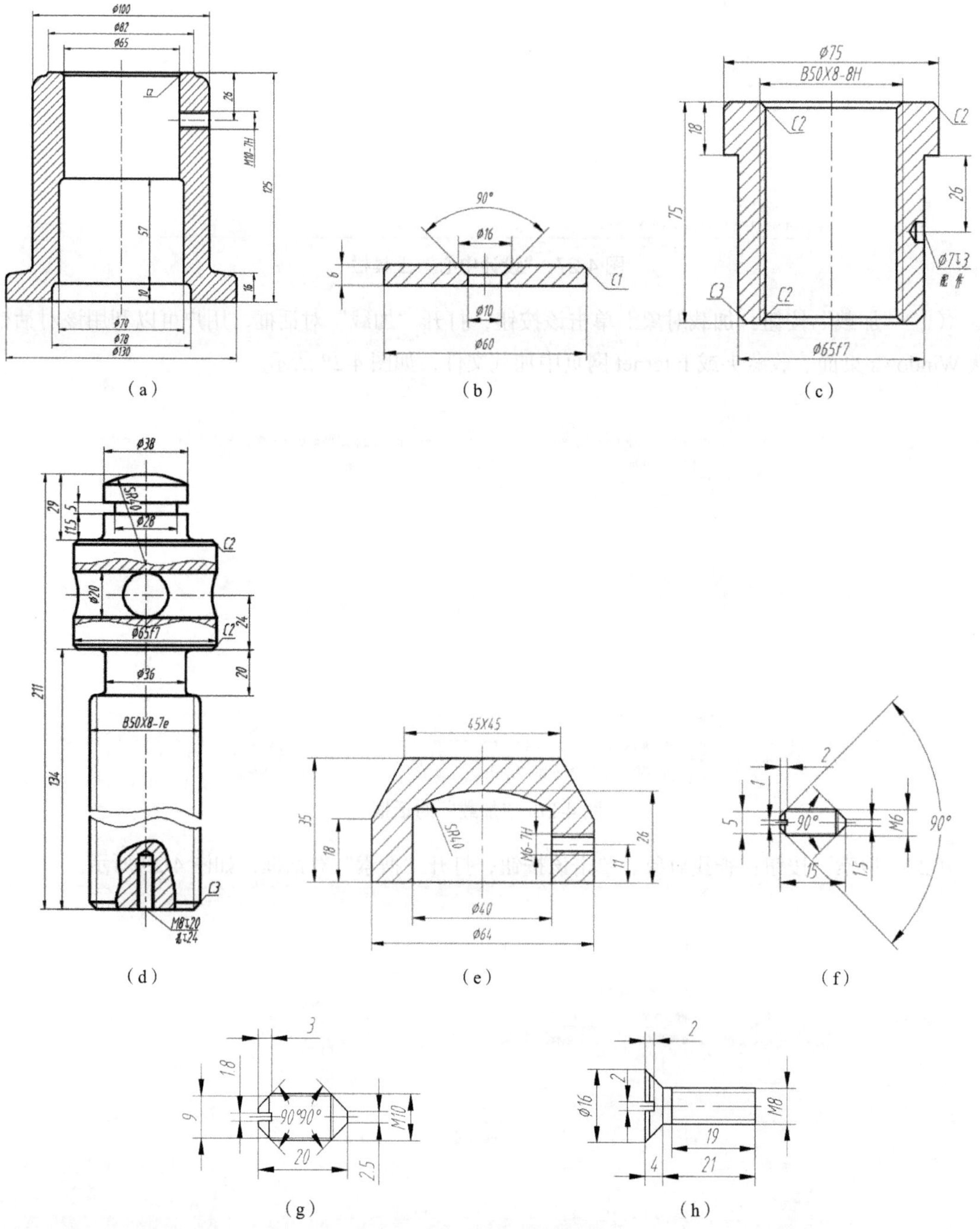

图 4-30　千斤顶零件图

（a）零件 1 底座；（b）零件 2 挡圈；（c）零件 3 螺母；（d）零件 4 螺杆；
（e）零件 5 顶垫；（f）零件 6 螺钉；（g）零件 7 螺钉；（h）零件 8 螺钉

（2）指定基点。在“装配图（千斤顶）零件 1 底座”中输入命令“BASE”。

命令：BASE ↙。

输入基点<0.0000,0.0000,0.0000>：

指定如图 4-31 所示交点 A 位置为基点，然后将该文件另存为“装配图（千斤顶）零件 1 底座 -（指定基点）”。用同样的方式指定其他零件的基点并命名。

（3）打开“装配图（千斤顶）-（外部参照）”，执行“插入”→“外部参照”菜单命令，打开“外部参照”面板，在面板中右击，在弹出的快捷菜单中选择“附着 DWG（D）”命令，如图 4-32 所示，然后选择“装配图（千斤顶）零件 1 底座 -（指定基点）”，将其插入图形窗口中，结果如图 4-33 所示。

（4）效果如图 4-34 所示。

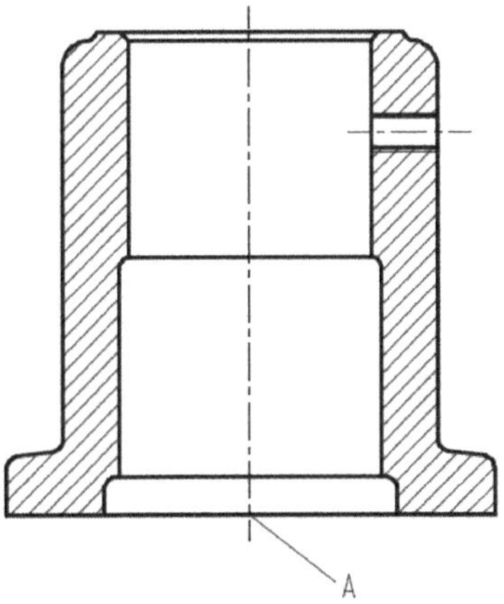

图 4-31　指定基点

图 4-32　添加外部参照

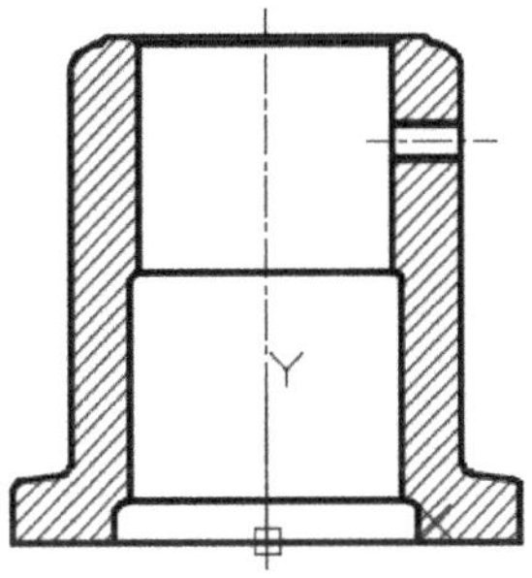

图 4-33　添加“装配图（千斤顶）零件 1 底座（指定基点）”外部参照

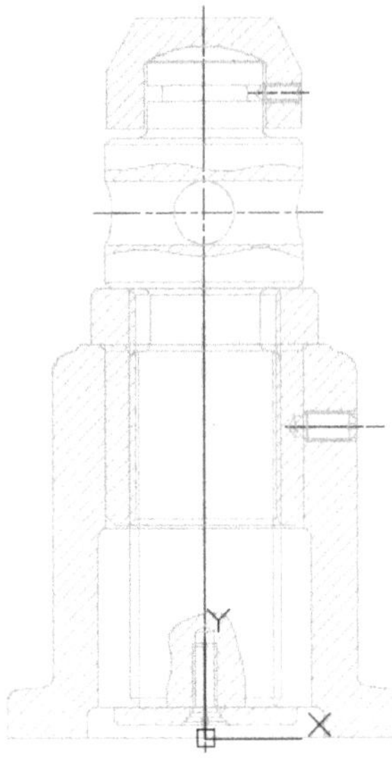

图 4-34　未修改的装配图

（5）将外部参照转化为内部块，以便于修改。在“外部参照”选项卡中选择要绑定的外部参照“装配图（千斤顶）零件 1 底座 -（指定基点）”，右击，在弹出的快捷菜单中选择“绑定”命令，如图 4-35 所示，系统弹出“绑定外部参照/DGN 参考底图”对话框，如图 4-36 所示。

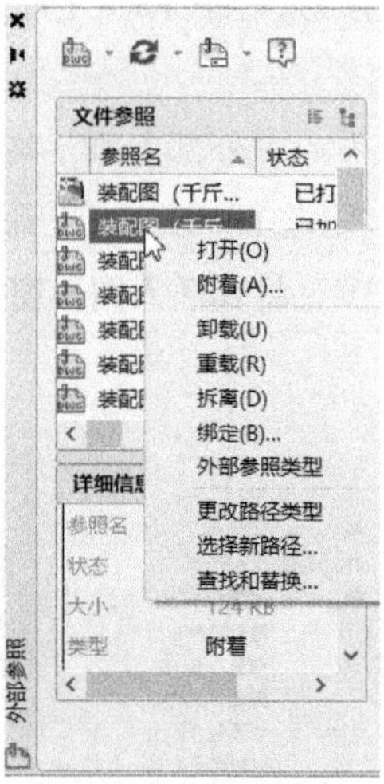

图 4-35 “外部参照”选项卡

图 4-36 “绑定外部参照/DGN 参考底图”对话框

（6）利用“分解”命令将图中各块分解，以便进行修改。

（7）检查底稿，修剪多余线段，画剖面线，标注尺寸，编排零件序号，填写标题栏、明细栏和技术要求，结果见图 4-16 所示。

能力训练

1. 知识巩固

（1）简述利用“外部参照”命令进行图形的附着方法。

（2）简述“设计中心”使用方法。

2. 实践操作

用插入块的方法绘制千斤顶装配图。

项目五　绘制三维实体

任务 5.1　绘制轴承支座正等轴测图

学习目标

通过轴承支座正等轴测图的绘制，掌握轴测图的绘图环境设置、轴测图绘制方法及轴测图尺寸标注方法。

职业技能要求

掌握正等轴测图的绘图过程和方法。

任务描述

按照轴承支座三视图及其所标注的尺寸完成其正等轴测图的绘制，并在轴测图上标注尺寸，如图 5-1 所示。

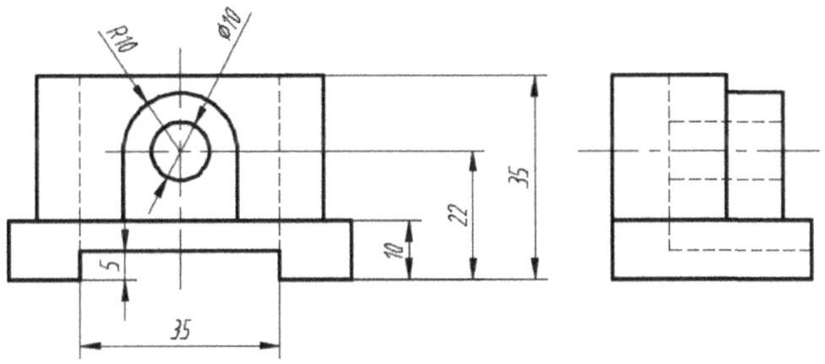

图 5-1　轴承支座三视图及正等轴测图

任务分析

绘制轴测图首先需要设置好绘图环境，即将栅格捕捉由矩形捕捉模式变为等轴测捕捉，然后依次绘制组合体各部分结构，并整理相邻表面间的线条，最后进行轴测图的尺寸标注。

必备知识

将物体连同其直角坐标系沿不平行于任意一个坐标平面的方向，用平行投影法将其投射在单一投影面上，所得到的图形称为轴测图。因为采用的是平行投影法，故轴测图具有以下两个特点：

（1）物体上相互平行的线段，其轴测投影仍相互平行。

（2）凡物体上与轴测轴平行的线段尺寸，可沿轴向按比例量取。

5.1.1 设置正等轴测图绘图环境

1. 等轴测模式切换操作

1）命令

命令行：执行 SNAP 命令。

菜单栏：执行“工具”→“草图设置”菜单命令。

图标：单击状态栏中的  按钮。

2）功能

实现标准捕捉模式和等轴测模式的切换。

3）格式

执行“工具”→“草图设置”菜单命令，弹出“草图设置”对话框，如图 5-2 所示。

图 5-2 “草图设置”对话框

2. 等轴测图的坐标系统

绘制一般零件图时，坐标轴之间的夹角都为 90°，而在轴测图中，坐标轴之间的夹角为 60°或者 120°，因此，物体上相互平行的线，轴测图上仍然平行，物体上不平行于轴测投影面的平面图形，在轴测图上变为原平面形的类似形。例如，长方形的轴测图变为平行四边形。

提示： 设置“等轴测捕捉”将极轴设为所需角度 30°，按 F5 键可实现三个平面，即顶面、左侧面、右侧面的切换。

5.1.2　绘制正等轴测图的注意事项

（1）开启正交模式。

（2）画轴测图时不能使用“偏移”“阵列”“镜像”“圆”“多边形”和“倒角”命令。

（3）画轴测图时要多使用“复制”“修剪”和“移动”命令。

5.1.3　轴测圆的画法

1. 正等轴测图中的圆及圆形部分的绘制

（1）按 F5 键选择好要绘制椭圆的平面。

（2）正等轴测图中圆形部分反映为椭圆（需绘制椭圆）：

椭圆命令：直接选“I”方式（等轴测圆）→指定圆心→输入半径。

2. 图中圆角部分的处理

确定圆心位置→画椭圆→修剪。

5.1.4　正等轴测图的尺寸标注

1. 样式设置

1）文字样式的设置

（1）第一种文字样式中的字体倾斜角度设为“30”（指定给标注样式），用于轴测图的初始标注。

（2）第二种文字样式中的字体倾斜角度设为“-30”（调整时使用），用于等轴测图标注后文字方向的调整

2）标注样式的设置

标注样式的设置过程与普通标注样式的设置相同：把字体倾斜角度设为 30° 的“文字样式”指定给“标注样式”。

2. 尺寸标注

使用二维图形中的“对齐标注”命令标注尺寸。

3. 标注调整

由于三个轴侧面的倾斜角度不同，需要对标出的尺寸进行调整。

1）调整标注尺寸的倾斜角度

方法：执行“标注”→“倾斜”菜单命令（或打击“标注”工具栏中的“编辑标注”按钮）。

倾斜角度的输入值一般为调整到位后尺寸界线与 0 度线夹角的大小，根据情况一般为 30°或-30°。

2）调整标注文字的倾斜角度

当标注的尺寸界线调整至正确位置后，再观察该标注文字的方向。若文字的竖直方向与尺寸界线平行，则说明该尺寸标注完成；若文字的竖直方向与尺寸界线不平行，则要调整该标注的文字样式。

方法：选中要调整的标注→把文字样式调整为字体倾斜角度设为-30° 的文字样式。

任务实现操作

1. 设置绘图环境

1）按要求建立图层，按表 5-1 所示建立图层。

表 5-1 图层参数

名称	颜色	线型	线宽	说明
01 粗实线	白色	Continuous	0.5mm	画粗实线
02 细实线	绿色	Continuous	0.25mm	画细实线、细波浪线
03 点画线	红色	CENTER	0.25mm	画轴线、对称线、中心线
04 虚线	黄色	Hidden	0.25mm	画虚线
05 剖面线	青色	Continuous	0.25mm	画剖面线
06 标注	绿色	Continuous	0.25mm	画尺寸、文字、特殊符号

2）设置文字样式

（1）样式 1——样式名：字母数字；字体名：isocp.shx；使用大字体；大字体：gbcbig.shx；高度：3.5；宽度比例：0.7；倾斜角度 15。

（2）样式 2——样式名：字母数字 1；字体名：isocp.shx；使用大字体；大字体：gbcbig.shx；高度：3.5；宽度比例：0.7；倾斜角度 30。

（3）样式 3——样式名：字母数字 2；字体名：isocp.shx；使用大字体；大字体：gbcbig.shx；高度：3.5；宽度比例：0.7；倾斜角度-30。

3）设置标注样式

（1）样式名：一般标注。

①“直线和箭头”选项卡下的设置：基线间距 7，超出尺寸线 2，起点偏移量 0，箭头大小 3.5。

②“文字”选项卡下的设置：文字样式为已建立好的字母数字，文字高度 3.5，从尺寸线偏移 1。

③“主单位”选项卡下的设置：线性标注中的单位格式为小数，精度 0.00，小数分隔符号为句点，角度标注中消零中选后续。

④根据要求建立角度标注样式，文字对齐方式为水平。

（2）样式名：一般标注 1，文字样式为已建立好的字母数 1，其他样式同一般标注。

（3）样式名：一般标注 2，文字样式为已建立好的字母数 2，其他样式同一般标注。

4）设置正等轴测模式

单击“草图设置”，选择“等轴测捕捉”，将极轴设为所需角度 30°，开启正交模式。

2. 绘制轴承支座轴测图

按照三视图尺寸，绘制轴承支座轴测图，如图 5-3 所示。

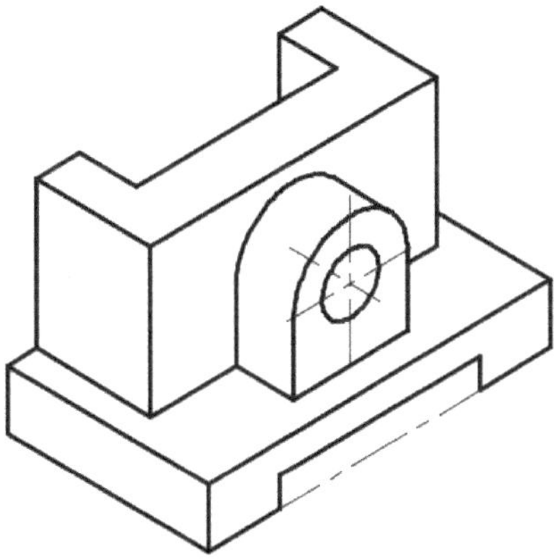

图 5-3　轴测图

3. 标注轴承支撑座轴测图并进行尺寸调整

标注轴承支撑座轴测图并进行尺寸调整，如图 5-4 所示。

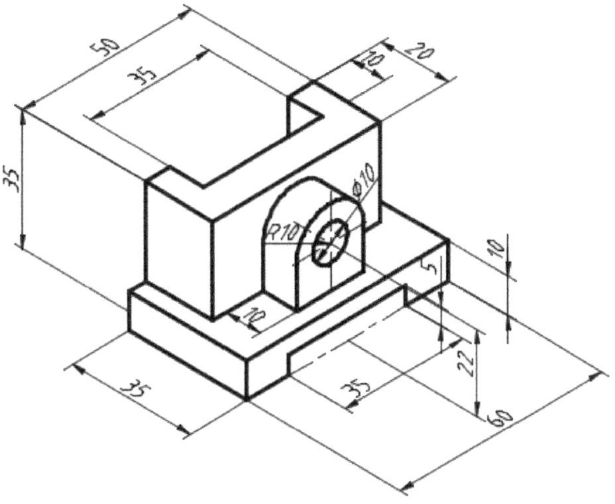

图 5-4　完整轴测图尺寸标注

能力训练

1. 知识巩固

（1）如何设置等轴测图的绘制环境？

（2）等轴测图的尺寸标注如何调整？

2. 实践操作

利用本节所学知识，绘制如图 5-5 所示的等轴测图。

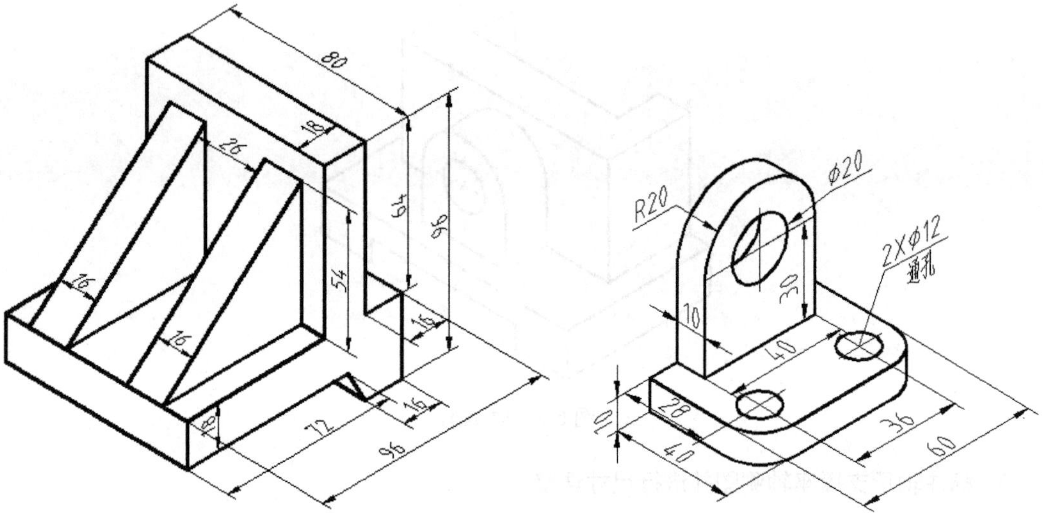

图 5-5 实践操作题图

任务 5.2 绘制闹钟实体图形

学习目标

利用基本三维实体命令绘制简单组合体结构。

职业技能要求

1. 掌握使用“UCS”命令设置用户坐标系的方法。
2. 通过组合体实体造型练习，掌握基本实体命令的操作方法。

任务描述

绘制闹钟三维实体图形，如图 5-6 所示。

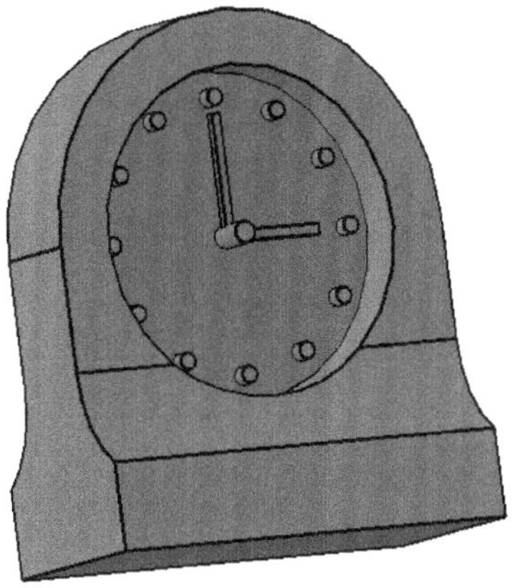

图 5-6　闹钟

任务分析

AutoCAD 除具有强大的二维绘图功能外，还具备基本的三维造型能力。若物体并无复杂的外表曲面及多变的空间结构关系，可用 AutoCAD 三维绘图的有关命令绘制三维图形。AutoCAD 用于绘制三维图形的命令有“拉伸”“旋转”“放样”“扫掠”等，用于三维实体的编辑命令有“布尔运算”“倒角”“三维镜像”“三维阵列”三维旋转“等。通过观察，可以分析出闹钟分为四个部分：主体、刻度、指针和底座。利用“拉伸”“按住并拖动”“圆柱体”“长方形”“圆角边”等命令即可完成三维实体造型。

5.2.1　三维坐标系

1. 世界坐标系和用户坐标系

三维坐标系由三个通过同一点且彼此垂直的坐标轴构成，这三个坐标轴分别称为 *X* 轴、*Y* 轴和 *Z* 轴，交点为坐标系的原点，即各个坐标轴的坐标零点，任意一点的位置可以由三维坐标轴上的坐标（*x*,*y*,*z*）唯一确定，如图 5-7 所示。三个坐标轴的正方向可以根据右手定则确定，如图 5-8 所示。

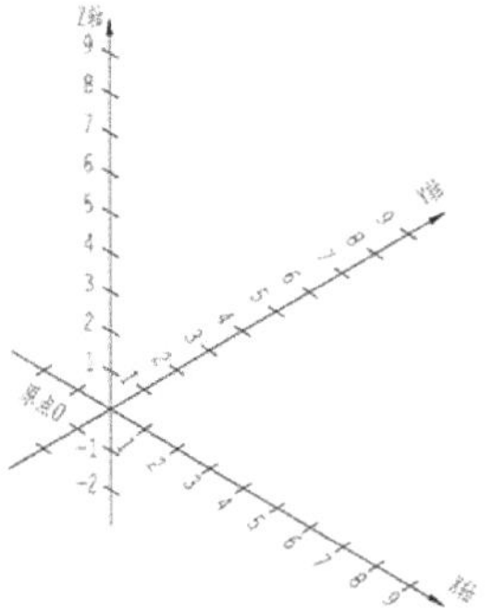

图 5-7　三维坐标系的构成

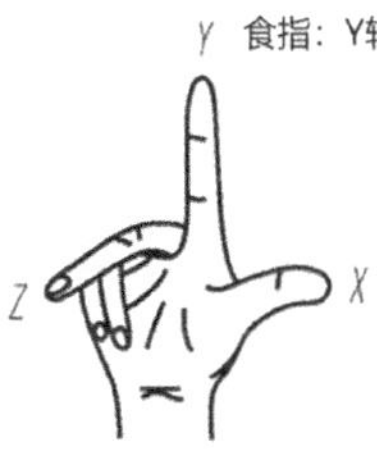

图 5-8　右手定则确定坐标轴正方向

2. 创建用户坐标系

在 AutoCAD 2018 中，可以使用多种方法创建 UCS，新建的 UCS 将成为当前 UCS。

1）命令

命令行：执行 UCS 命令。

菜单栏：执行“工具”→“新建 UCS”菜单命令。

“UCS”工具栏：。

2）功能

用户坐标系常用于输入坐标、建立图形平面和设置视图，也可以进行定义、保存、恢复、删除等操作。

3）格式

命令：UCS ↙。

当前 UCS 名称：*世界*。

指定 UCS 的原点或[面（F）/命名（NA）/对象（OB）/上一个（P）/视图（V）/世界（W）/X/Y/Z/Z 轴（ZA）]<世界>：N。

指定新 UCS 的原点或[Z 轴（ZA）/三点（3）/对象（OB）/面（F）/视图（V）/X/Y/Z]<0,0,0>：

4）说明

（1）世界（W）：将当前用户坐标系设置为世界坐标系。

（2）新建（N）：可以直接指定新 UCS 的原点，AutoCAD 2018 将根据原来 UCS 的 *X* 轴、*Y* 轴、*Z* 轴方向和新的原点定义新的 UCS，即相当于平移原来的 UCS，如图 5-9 所示。

（3）*Z* 轴（ZA）：选择“新建（N）”命令选项，然后选择“Z 轴（ZA）”命令选项，可以依次指定原点和位于新建 *Z* 轴正半轴上的点，该方式可将坐标系倾斜，如图 5-10 所示。

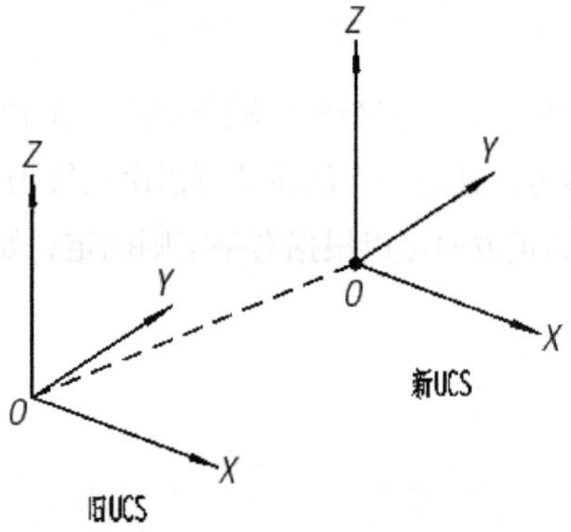

图 5-9　指定原点创建 UCS

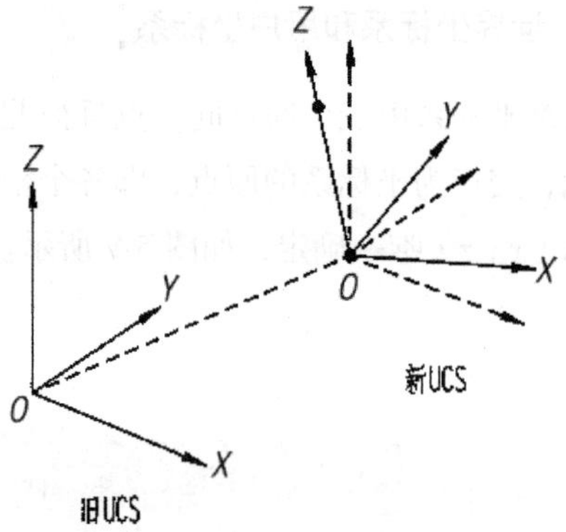

图 5-10　指定 Z 轴创建 UCS

（4）三点（3）：选择“新建（N）”命令选项，然后选择“三点（3）”命令选项，可以指定新 UCS 的原点及其 *X* 轴和 *Y* 轴的正方向，AutoCAD 2018 将根据右手定则确定 *Z* 轴，如图 5-11 所示。

（5）对象（OB）：选择“新建（N）”命令选项，然后选择“对象（OB）”命令选项，AutoCAD 2018 将根据用户指定的对象定义 UCS。

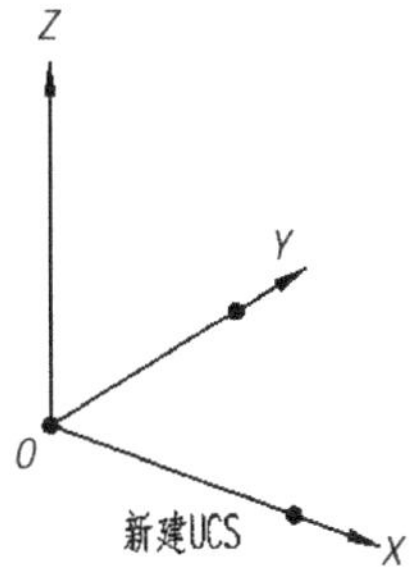

图 5-11　指定三点创建 UCS

（6）在图形中选择图形对象时，AutoCAD 2018 根据不同的对象类型选择相应的方法来定义 UCS，其中新 UCS 的 Z 轴正方向与选定对象的正法向保持一致，一些典型的定义方法如表 5-2 所示。

表 5-2　根据对象定义 UCS 的方法

对象	定义方法
点	新建 UCS 的原点将位于该点
直线	新建 UCS 的原点位于离选择点最近的端点，AutoCAD 2018 选择新的 *X* 轴使该直线位于新 UCS 的 *XZ* 平面内，并且使该直线的第二个端点在新 UCS 中 *Y* 坐标为零
宽线	新建 UCS 的原点位于宽线的起点，*X* 轴沿宽线的中心线方向
圆弧	新建 UCS 的原点位于圆弧的圆心，*X* 轴通过距离选择点最近的圆弧端点
圆	新建 UCS 的原点位于圆的圆心，*X* 轴通过选择点
二维多段线	新建 UCS 的原点位于多段线的起点，*X* 轴沿起点到下一顶点的方向
二维填充	新建 UCS 的原点位于二维填充的第一点，新 *X* 轴沿前两点之间的方向
标注	新建 UCS 的原点位于标注文字的中点，*X* 轴的方向平行于绘制该标注时生效的 UCS 的 *X* 轴
三维面	新建 UCS 的原点位于三维面的第一点，*X* 轴沿前两点的连线方向，*Y* 轴的正方向取自第一点和第四点，*Z* 轴由右手定则确定
形、文字、块参照、属性定义	新建UCS的原点位于该对象的插入点，*X* 轴由对象绕其拉伸方向旋转定义，用于建立新 UCS 的对象在新 UCS 中的旋转角度为零

例如，根据圆对象创建 UCS，如图 5-12 所示。

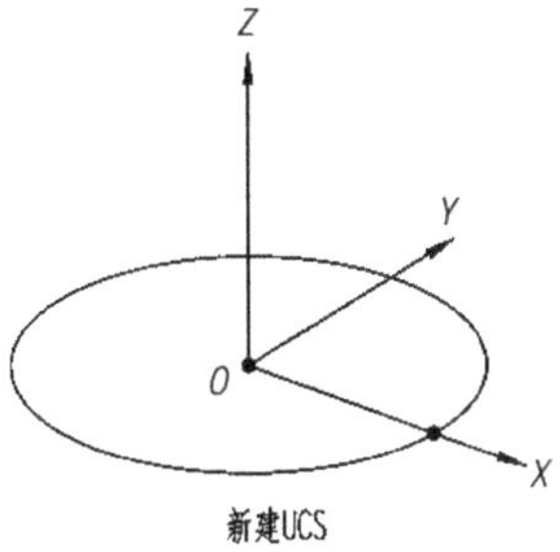

图 5-12　根据圆对象创建 UCS

（7）视图（V）：选择“新建（N）”命令选项，然后选择“视图（V）”命令选项，以平行于屏幕的平面为 XY 平面定义 UCS，UCS 原点保持不变。

例如，根据当前对象创建 UCS，如图 5-13 所示。

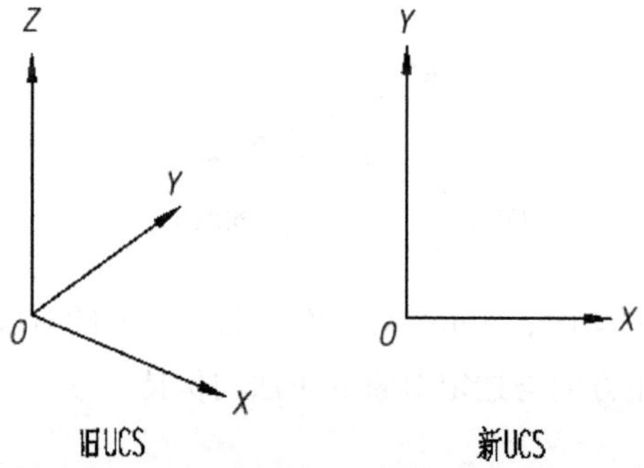

图 5-13　根据当前对象创建 UCS

（8）X/Y/Z：选择“新建（N）”命令选项，然后选择“X”“Y”或“Z”命令选项，可以绕相应的坐标轴旋转 UCS，从而得到新的 UCS。具体方法是用右手的拇指指向某一坐标轴的正方向，弯曲其他四个手指，手指的弯曲方向表示该坐标轴的正旋转方向，如图 5-14 所示。

例如，绕 X 轴旋转后创建 UCS，如图 5-15 所示。

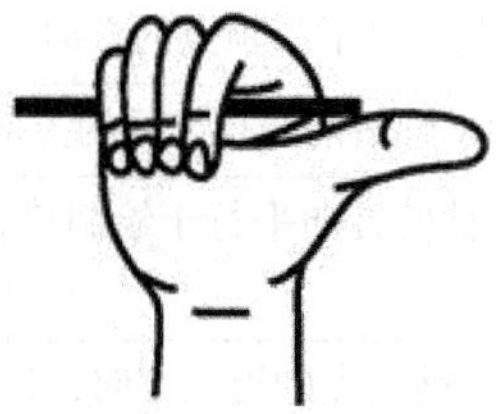

图 5-14　用右手定则确定坐标轴旋转方向

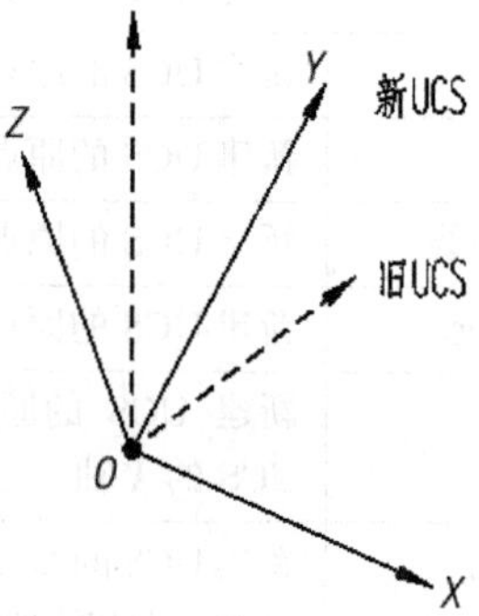

图 5-15　绕 X 轴旋转后创建 UCS

5.2.2 三维视图

1. 选择预设三维视图

1）命令

命令行：执行 VIEW 命令。

菜单栏：执行“视图”→“三维视图”菜单命令。

“视图”工具栏：。

2）功能

选择预设三维视图。

3）说明

如果用一个立方体代表三维空间中的三维模型，各种预设标准视图的观察方向如图 5-16 所示。

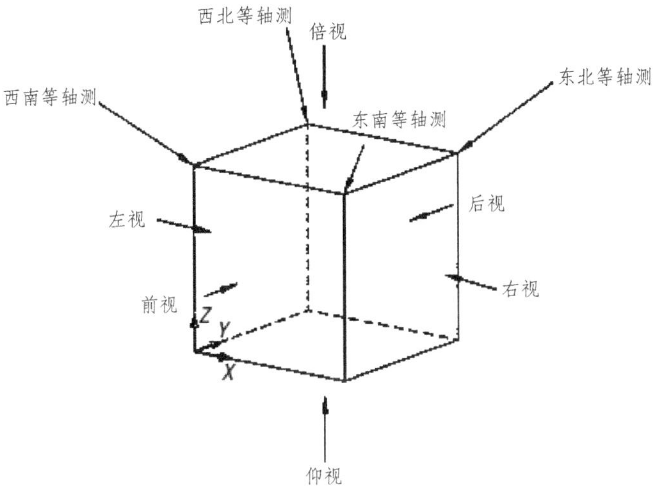

图 5-16　各种预设标准视图的观察方向

2. 设置平面视图

1）命令

命令行：执行 PLAN 命令。

菜单栏：执行“视图”→ “三维视图”→ “平面视图”菜单命令。

2）功能

设置平面视图。

3）格式

命令：PLAN ↙。

输入选项[当前 UCS（C）/ UCS（U）/世界（W）]<当前 UCS>：

4）说明

使用 PLAN 命令设置平面视图时，需要指定该平面视图的基准坐标系。

3. 设置视点

1）方式一：使用罗盘确定视点

（1）命令

命令行：执行 VPOINT 命令。

菜单栏：执行“视图”→ “三维视图”→ “视点”菜单命令。

（2）功能

设置视点的坐标，也可动态显示并设置视点。

（3）格式

命令：VPOINT ↙。

当前视图方向：VIEWD=0.0000,0.0000,1.0000。

指定视点或[旋转（R）]＜显示指南针和三轴架＞：

（4）说明

①视点：使用输入的 *X*、*Y* 和 *Z* 坐标，创建定义观察视图方向的矢量。

②旋转（R）：可以分别指出观察方向与坐标系 *X* 轴的夹角和与 *XY* 平面的夹角，如图 5-17 所示。

③显示指南针和三轴架：坐标球是一个展开的球体，中心点是北极（0,0,n），内环是赤道（n,n,0），整个外环是南极（0,0,-n）当找到合适的观察方向后单击确定，如图 5-18 所示。

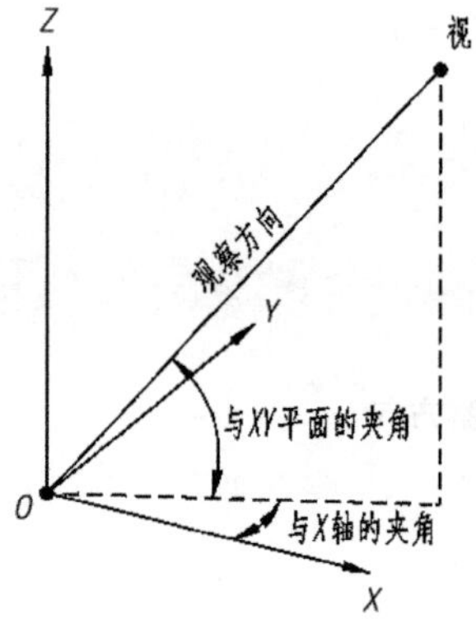

图 5-17　视图方向在 UCS 中的定位

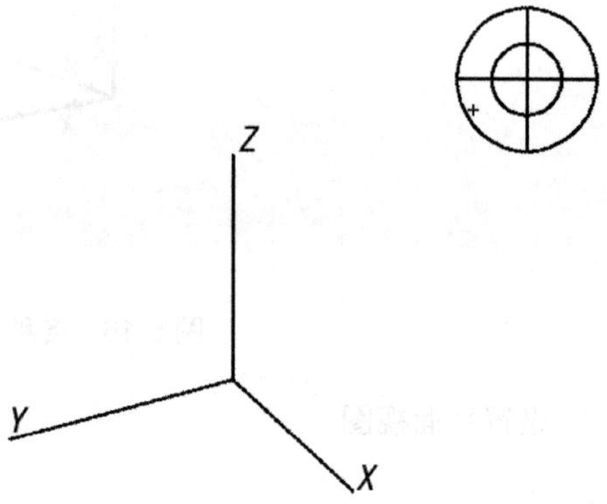

图 5-18　坐标球和三轴架

2）方式二：使用“视点预设”对话框设置视点

执行“视图”→“三维视图”→“视点预设”菜单命令，弹出“视点预设”对话框，如图 5-19 所示。

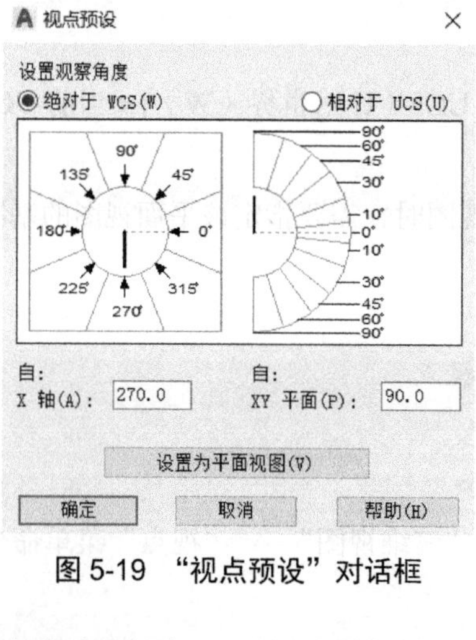

图 5-19　“视点预设”对话框

3）方式三：使用三维视图方法设置视点

在“视图”的“三维视图”子菜单中直接选择“俯视”“仰视”“左视”等命令，可从不同角度观察所绘三维图形。

4. 动态观察器

动态观察器的作用是进行三维动态观察，即使用光标实时、交互地控制模型的显示，以便动态、全方位地显示目标模型。

5. 消隐

1）命令

命令行：执行 HIDE（缩写名：HI）命令。

菜单栏：执行“视图”→“消隐”菜单命令。

图标：单击“渲染”工具栏中的“隐藏”按钮。

2）功能

把当前三维显示做消隐处理。消隐后的图形不可编辑，用 REGEN（重生成）命令可以恢复消隐前显示。

6. 着色

1）命令

命令行：执行 SHADEMODE（缩写名：SHA）命令。

菜单栏：执行“视图”→ “视觉样式”菜单命令，在其子菜单中选择二维线框、线框、消隐、真实、概念等选项。

2）功能

可以创建各种着色视图。

3）格式

命令：SHADEMODE ↙。

VSCURRENT

输入选项[二维线框（2）/线框（W）/隐藏（H）/真实（R）/概念（C）/着色（S）/带边缘着色（E）/灰度（G）/勾画（SK）/X 射线（X）/其他（O）]<二维线框>:

7. 渲染

1）命令

命令行：执行 RENDER（缩写名：RR）命令。

菜单栏：执行“视图”→“渲染”菜单命令。

图标：“渲染”工具栏。

2）功能

渲染是指将三维图形生成像照片一样真实感三维效果图的过程。为获得好的真实感效果，可以为三维图形赋予不同的颜色和材质，设置不同种类、位置和数量的光源，以及衬托以不同的环境和背景等。

5.2.3 创建与编辑三维实体

1. 创建面域

1）命令

命令行：执行 REGION（缩写名：REG）命令。

菜单栏：执行“绘图”→“面域”菜单命令。

图标：单击“绘图”工具栏中的 按钮。

2）格式

命令：REGION ↙。

选择对象：（可选闭合多段线、圆、椭圆、样条曲线，或由直线、圆弧、椭圆弧、样条曲线连接而成的封闭曲线）。

3）说明

在创建面域时，删去原对象，在当前图层创建面域对象。

2. 创建基本实体

1）命令

命令行：BOX（长方体）、SPHERE（球体）、CYLINDER（圆柱体）、CONE（圆锥体）、WEDGE（楔体）、TORUS（圆环体）。

菜单栏：执行“绘图”→“建模”→“长方体”等菜单命令。

图标：“图元”工具栏。

2）说明

实体模型在创建时显示其线框模型，当消隐、着色、渲染时，其表面自动转化为细化网格。

3. 创建实体命令

1）拉伸命令

（1）命令

命令行：执行 EXTRUDE（缩写名：EXT）命令。

菜单栏：执行“绘图”→“建模”→“拉伸”菜单命令。

图标：单击“实体”工具栏中的 按钮。

（2）功能

创建拉伸实体。

（3）格式

命令：EXTRUDE ↙。

选择要拉伸的对象或[模式（MO）]：（可选闭合多段线、正多边形、圆、椭圆、闭合样条曲线、圆环和面域，对于宽线，忽略其宽度，对于带厚度的二维对象，忽略其厚度）。

指定拉伸的高度或[方向（D）/路径（P）/倾斜角（T）/表达式（E）]:（给出高度，沿轴方向拉伸）。

（4）说明

①路径（P）:

a. 路径曲线不能和拉伸轮廓共面。

b. 当路径曲线一端点位于拉伸轮廓上时，拉伸轮廓沿路径曲线拉伸。否则，AutoCAD 将路径曲线平移到拉伸轮廓重心处，沿该路径曲线拉伸。

c. 在拉伸时，拉伸轮廓处处与路径曲线垂直。

②倾斜角（T）：默认值为 0，角度为正值时拉伸向内收缩；角度为负值时拉伸向外扩张。

2）旋转命令

（1）命令

命令行：执行 REVOLVE（缩写名：REV）命令。

菜单栏：执行“绘图”→“建模”→“旋转”菜单命令。

图标：单击“实体”工具栏中的  按钮。

（2）功能

创建旋转实体。

（3）格式

命令：REVOLVE ↙。

选择要旋转的对象或[模式（MO）]:

指定轴起点或根据以下选项之一定义轴[对象（O）/X/Y/Z]<对象>:

指定轴起点:

指定旋转角度或[起点角度（O）/反转（R）/表达式（EX）]<360>:

（4）说明

①直接指定旋转轴的起点和端点，AutoCAD 2018 将沿着从起点到端点的方向按右手定则确定方向。

②对象（O）: 可以选择直线或多段线中的直线段作为旋转轴。旋转的方向与选择点位置有关，AutoCAD 2018 以距离选择点较近的端点作为起点确定旋转方向。

③*X*/*Y*：选择当前 UCS 的 *X* 轴或 *Y* 轴为旋转轴。

3）扫掠命令

（1）命令

命令行：执行 SWEEP 命令。

菜单栏：执行“绘图”→“建模”→“扫掠”菜单命令。

图标：单击“实体”工具栏中的  按钮。

（2）功能

通过沿路径扫掠开放或闭合的二维或三维曲线来创建新三维实体或曲面。

4）放样命令

（1）命令

命令行：执行 LOFT 命令。

菜单栏：执行“绘图”→“建模”→“放样”菜单命令。

图标：单击“实体”工具栏中的  按钮。

（2）功能

在数个横截面之间的空间中创建三维实体或曲面。

5）按住并拖动命令

（1）命令

命令行：执行 PRESSPULL 命令。

图标：单击“实体”工具栏中的  按钮。

（2）功能

按住并拖动有边界区域。

4. 实体编辑

1）抽壳命令

（1）命令

命令行：执行 SHELL 命令。

菜单栏：执行“修改”→“实体编辑”→“抽壳”菜单命令。

图标：单击“实体编辑”工具栏中的  按钮。

（2）功能

将三维实体转换为中空壳体，其壁具有指定厚度。

2）圆角边命令

（1）命令

命令行：执行 FILLET 命令。

菜单栏：执行“修改”→“实体编辑”→“圆角边”菜单命令。

图标：单击“实体编辑”工具栏中的  按钮。

（2）功能

在实体的棱边处创建圆角。

3）倒角边命令

（1）命令

命令行：执行 FILLET 命令。

菜单栏：执行“修改”→“实体编辑”→“倒角边”菜单命令。

图标：单击“实体编辑”工具栏中的  按钮。

（2）功能

在实体的棱边处创建倒角。

5. 实体布尔运算

1）并集

（1）命令

命令行：执行 UNION 命令。

菜单栏：执行“修改”→“实体编辑”→“并集”菜单命令。

图标：单击“实体编辑”工具栏中的  按钮。

（2）功能

将两个以上的实体以并集的形式组成一个新的实体。

2）差集

（1）命令

命令行：执行 SUBTRACT 命令。

菜单栏：执行“修改”→“实体编辑”→“差集”菜单命令。

图标：单击“实体编辑”工具栏中的  按钮。

（2）功能

将一组实体的体积从另一组实体中减去，剩余的体积形成新的组合实体对象。

3）交集

（1）命令

命令行：执行 INTERSECT 命令。

菜单栏：执行“修改”→“实体编辑”→“交集”菜单命令。

图标：单击“实体编辑”工具栏中的  按钮。

（2）功能

提取一组实体的公共部分，并将其创建为新的组合实体对象。

5.2.4 实体尺寸标注方法

在 AutoCAD 中，三维实体尺寸标注命令与二维图形尺寸标注方法是一致的。但是，在三维实体中标注尺寸时，需要注意将当前 UCS 的 XOY 平面与所标注尺寸的实体面重合，另外，可以通过调整 *XYZ* 轴的方向来调整尺寸朝向。一般标注尺寸时确立 UCS 方位按照下述方法进行设置：

（1）正立面尺寸：*X* 朝右，*Y* 朝上，*Z* 朝外。

（2）侧立面尺寸：*X* 朝外，*Y* 朝上，*Z* 朝左。

（3）水平面尺寸：*X* 朝外，*Y* 朝右，*Z* 朝上。

任务实现操作

（1）打开软件，切换工作空间为“三维建模”，如图 5-20 所示。

（2）切换到“俯视图”，绘制基本二维图形，创建成面域，如图 5-21 所示。

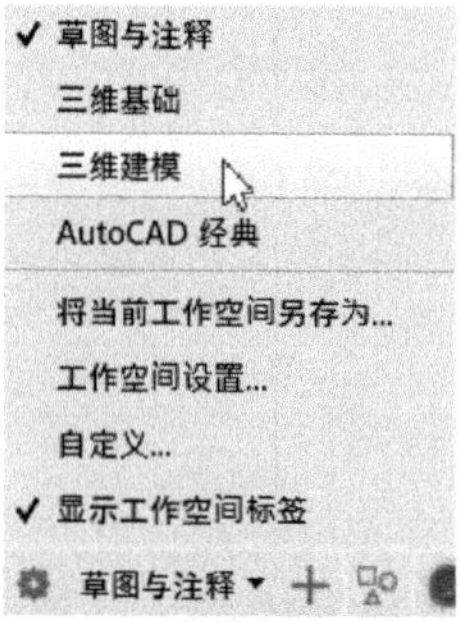

图 5-20　切换工作空间

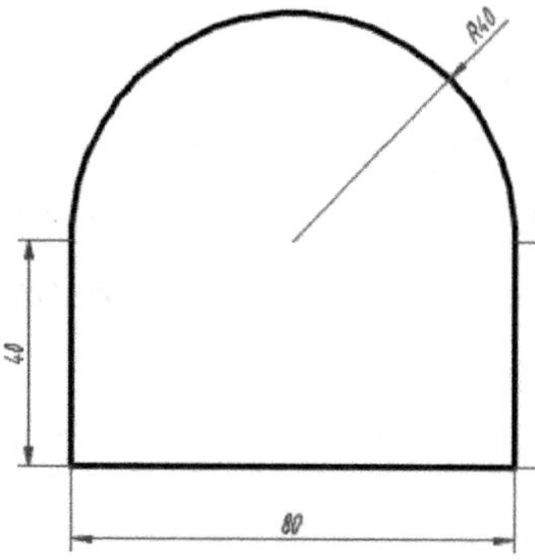

图 5-21　绘制基本二维图形

（3）切换到“西南等轴测”，执行“拉伸”命令，高度为 20，如图 5-22 所示。

（4）设置新 UCS，原点为 R40 的圆心，绘制半径为 30 的同心圆，如图 5-23 所示。

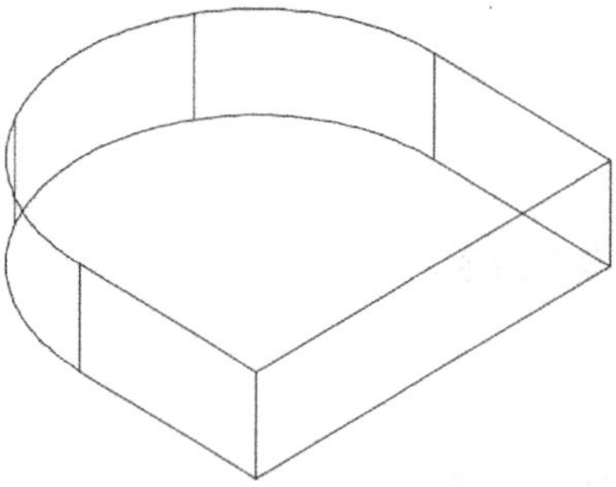

图 5-22　拉伸效果

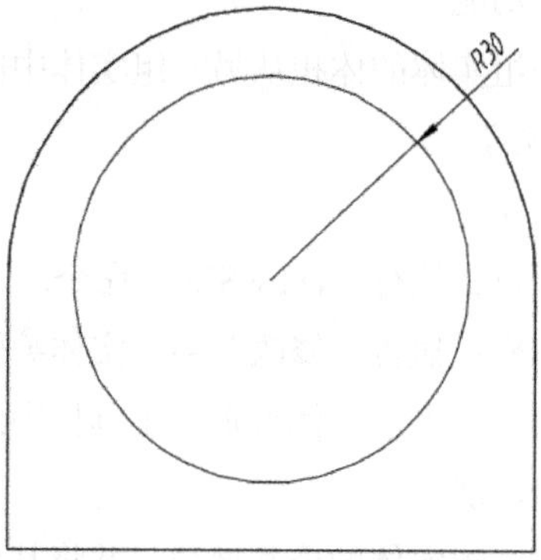

图 5-23　绘制同心圆

（5）利用“按住并拖动”命令，拉伸高度为向下 10，如图 5-24 所示。

（6）绘制时间刻度：以圆心 A 点为起点，绘制辅助直线，长度为 25，如图 5-25 所示。利用“圆柱”命令，如图 5-26 所示。

（7）利用“阵列”命令，把圆柱体环形阵列 12 个，如图 5-27 所示。

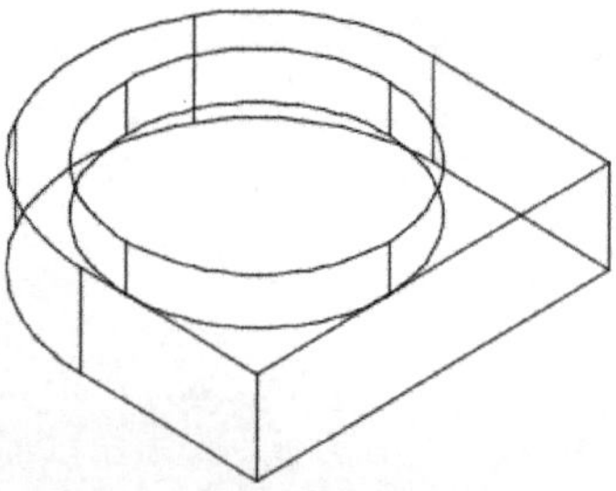

图 5-24　按住并拖动

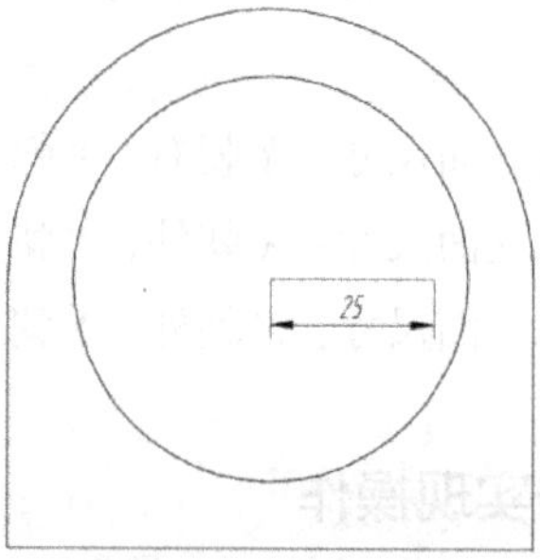

图 5-25　绘制直线

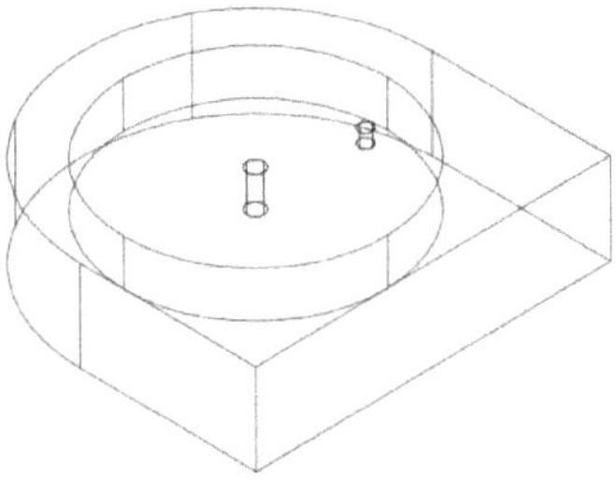

图 5-26　绘制圆柱体

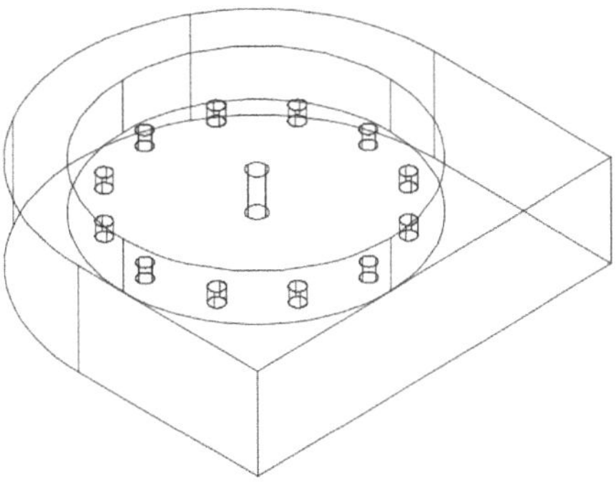

图 5-27　阵列

（8）绘制指针：绘制长度 20、宽度为 2 的矩形，利用“按住并拖动”命令，拉伸高度为 1.5。绘制长度 23、宽度为 2 的矩形，利用“按住并拖动”命令，拉伸高度为 1.5，如图 5-28 所示。

（9）执行“圆角边”命令，半径为 20，然后将所有实体进行“并集”，着色，如图 5-29 所示。

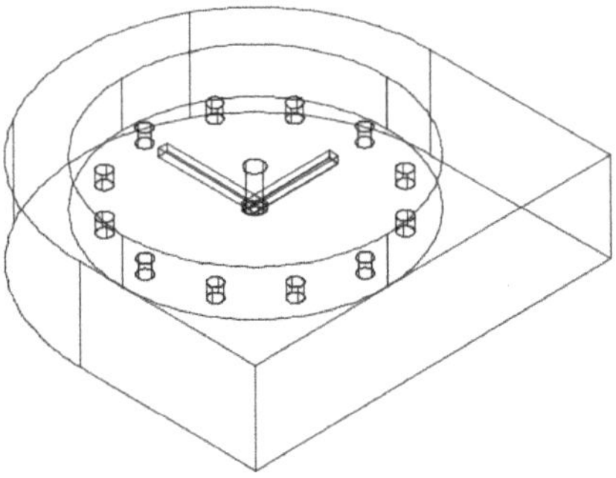

图 5-28　绘制长方体

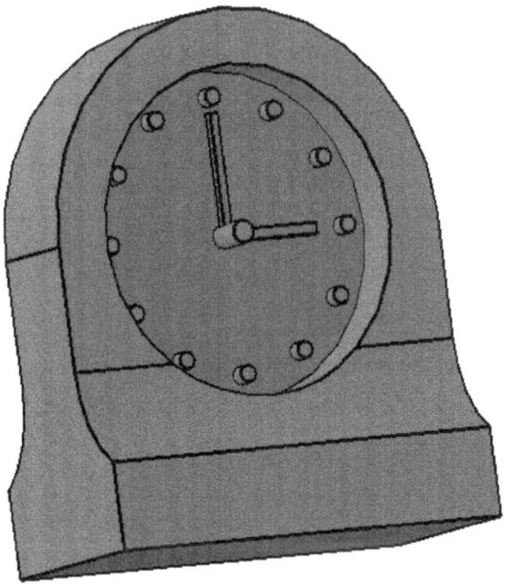

图 5-29　完成闹钟的绘制

能力训练

1. 知识巩固

（1）视点设置有哪几种方法，如何操作?

（2）如何进行实体倒直角和倒圆角操作?

2. 实践操作

利用本节所学知识，绘制如图 5-30 所示的三维实体。

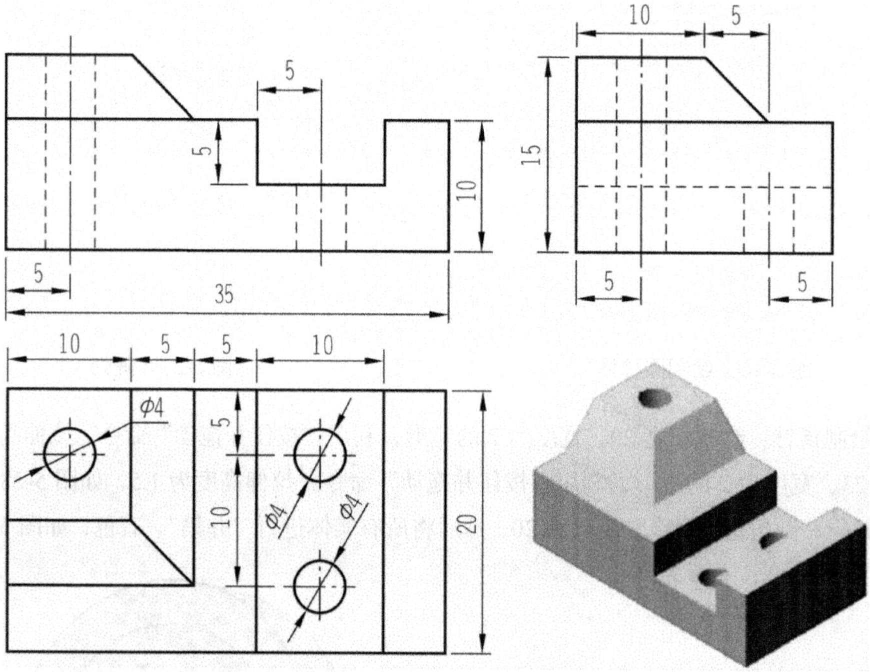

图 5-30　实践操作题图

任务 5.3　打印与输出

学习目标

能够正确设置打印模式，顺利打印、输出所绘制零件图。

职业技能要求

通过一步步设置打印模式，能够按照不同的需求打印图纸。

任务描述

打印输出零件图，打印比例为 1:1，如图 5-31 所示。

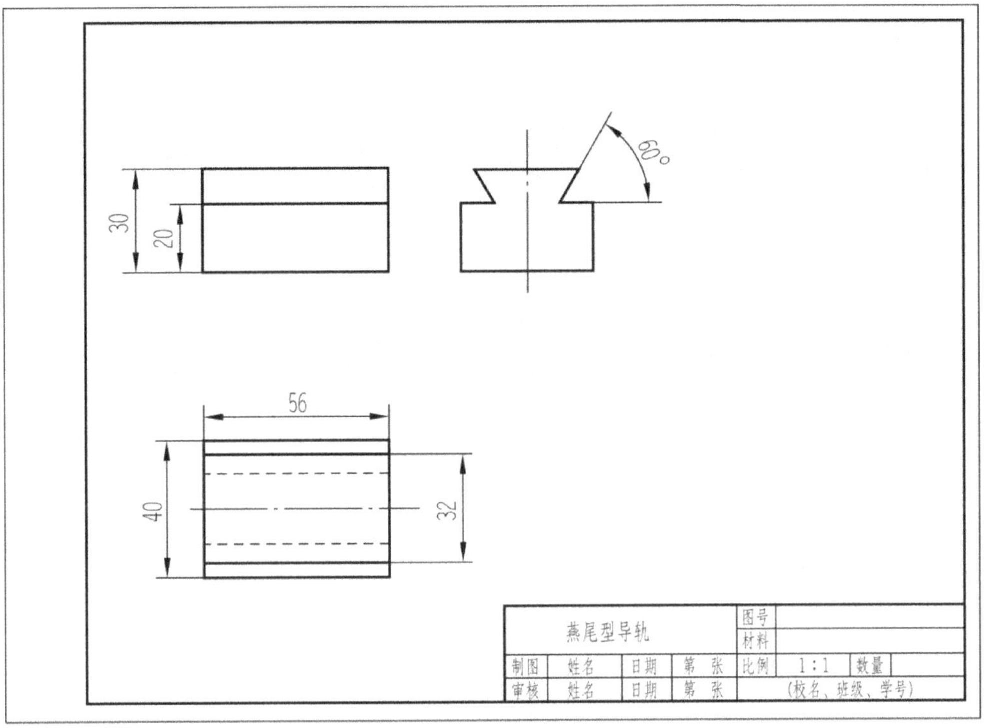

图 5-31　组合体三视图

任务分析

AutoCAD 2018 提供了两种绘图环境——模型空间和布局空间。模型空间主要用来绘制 1：1 二维或三维图形，布局空间主要用来打印输出图形。每一个图形文件只有一个模型空间，但可以定义多个不同的布局空间（图纸空间）。正确打印出所绘制图纸。

5.3.1　模型空间与图纸空间的关系

图纸空间用于创建最终的打印布局，不用于绘图或设计工作。模型空间是无限大的，而图纸空间是一张实际的图幅，标准的图幅规格有 A1、A2、A3 和 A4。两种空间的切换，可以通过单击绘图区域下的“模型”和“布局”选项卡切换。模型空间与图纸空间的关系如下：

（1）平行关系。模型空间与图纸空间是平行关系，相当于两张平行放置的纸。

（2）单向关系。如果把模型空间与图纸空间比作两张纸，模型空间在底部，图纸空间在上部，通过视口从图纸空间可以看到模型空间，但从模型空间看不到图纸空间，因而它们是单向关系。

（3）无连接关系。因为模型空间与图纸空间相当于两张平行放置的纸张，它们之间没有连接关系，也就是说，要么画在模型空间，要么画在图纸空间。

5.3.2 模型视口

1. 命令

命令行：执行 VPORTS 命令。

菜单栏：执行“视图”→“视口”→“新建视口”菜单命令。

图标：单击“视口”工具栏中的 按钮。

2. 功能

打开模型显示“视口”对话框，对模型视口进行设置，如图 5-32 所示。

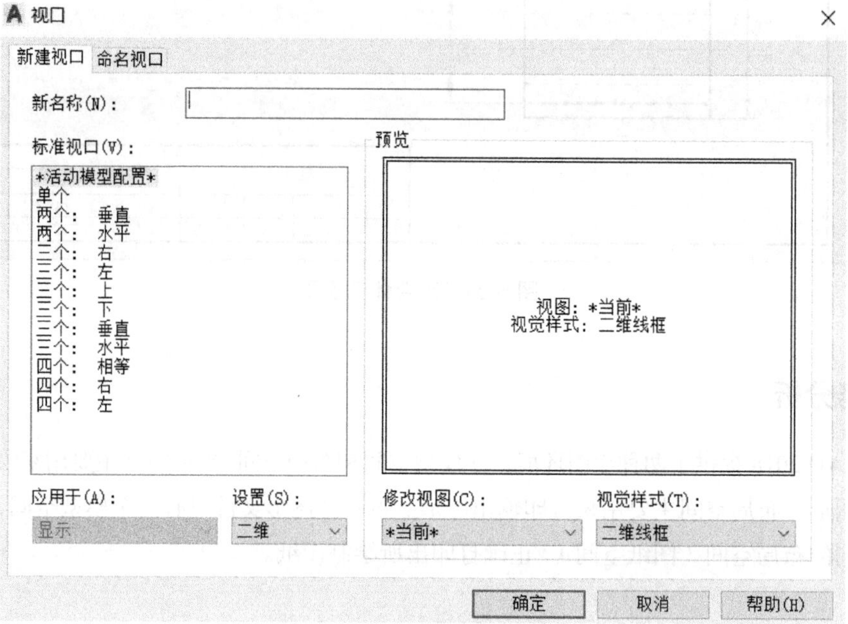

图 5-32 “视口”对话框

5.3.3 图形输出

1. 图形输出

执行“文件”→“输出”菜单命令，在打开的“输出数据”对话框中可以把图形信息输送给其他应用程序，在此指定输出的位置及输出文件的名称和类型。

2. 图形打印

1）命令

命令行：执行 PLOT 命令。

菜单栏：执行“文件”→“打印”菜单命令。

2）功能

把设计的图纸打印出图。

任务实现操作

执行“打印”命令，弹出“打印 模型”对话框，在“图纸尺寸”下拉列表中选择“ISO A3（420.00×297.00 毫米）”；在“打印区域”选项区的“打印范围”下拉列表中选择“窗口”选项，在绘图窗口中选择要打印的窗口范围；在“打印比例”选项区中，如果选中“布满图纸”复选框，则图形以最大化形式打印到图纸上；如果取消选中“布满图纸”复选框，在“比例”下拉列表中选择“1∶1”选项，则按 1∶1 的比例打印图形，即反映实物的实际尺寸，打印预览效果如图 5-33 所示。

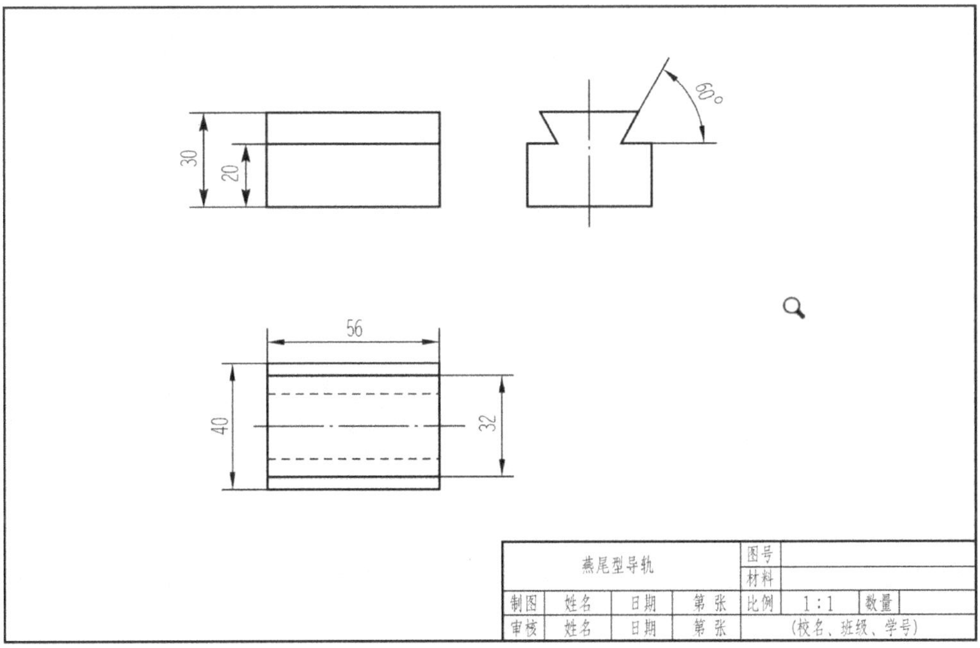

图 5-33 打印预览效果

能力训练

1. 知识巩固

（1）简述模型空间与图纸空间的区别？

（2）视口的功能是什么？

2. 实践操作

在模型空间绘制如图 5-34 所示的图形，分别在模型空间和布局空间打印出图。

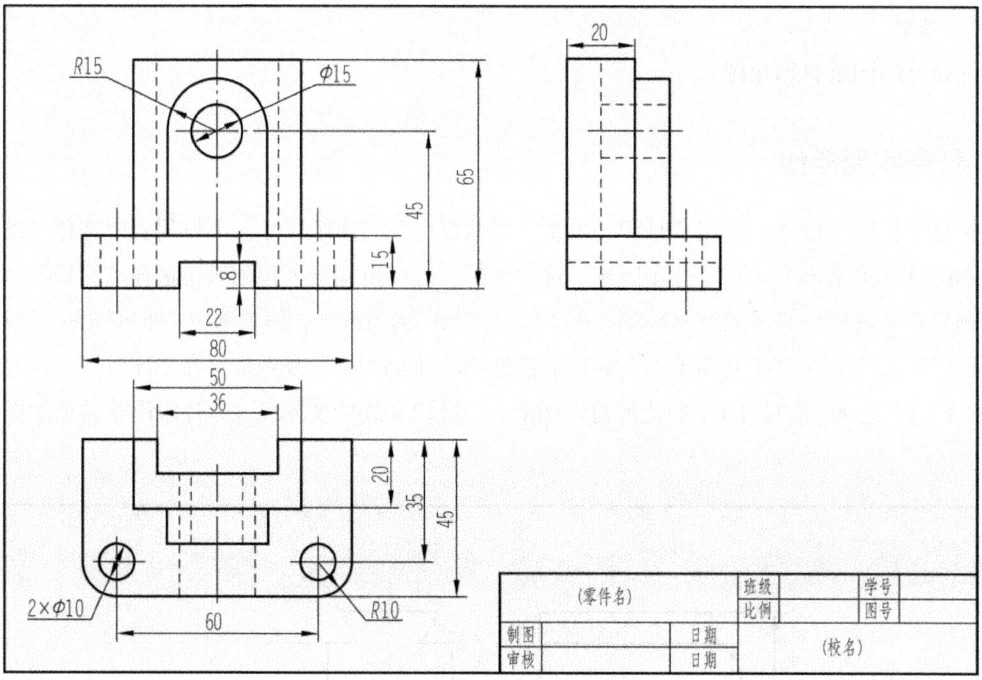
20
R15
Φ15
65
45
15
8
22
80
50
36
20
35
45
2×Φ10
60
R10
(零件名)
班级
学号
比例
图号
制图
日期
审核
日期
(校名)

图 5-34 实践操作题图